本研究成果得到江苏高校"青蓝工程"资

人工智能技术基础与实践应用研究

孙华林　著

陕西师范大学出版总社　西安

图书代号　JY24N2080

图书在版编目（CIP）数据

人工智能技术基础与实践应用研究 / 孙华林著.
西安：陕西师范大学出版总社有限公司，2024.8.
ISBN 978-7-5695-4695-8

Ⅰ．TP18

中国国家版本馆 CIP 数据核字第 2024L97V59 号

人工智能技术基础与实践应用研究
RENGONG ZHINENG JISHU JICHU YU SHIJIAN YINGYONG YANJIU

孙华林　著

特约编辑	韩　金
责任编辑	李少莹　宫梦迪
责任校对	赵　倩
封面设计	知更壹点
出版发行	陕西师范大学出版总社
	（西安市长安南路 199 号　　邮编　710062）
网　　址	http://www.snupg.com
印　　刷	河北赛文印刷有限公司
开　　本	710 mm×1000 mm　　1/16
印　　张	11.5
字　　数	230 千
版　　次	2024 年 8 月第 1 版
印　　次	2024 年 8 月第 1 次印刷
书　　号	ISBN 978-7-5695-4695-8
定　　价	60.00 元

作者简介

孙华林，生于1977年，男，中共党员，江苏邳州人，研究生毕业于西南石油大学计算机应用技术专业，获硕士学位。现为常州机电职业技术学院副教授，校优秀青年教师、优秀教师、教学能手、教学名师，第二批江苏省职业教育教师教学创新团队骨干教师，2023年江苏高校"青蓝工程"优秀教学团队骨干教师。主持各级各类纵向、横向课题6项，发表论文近30篇，授权软著30余项、国际发明专利1项，公开出版教材5部，其中江苏省重点教材1部；多次获中国软件杯大学生软件设计大赛、蓝桥杯全国软件和信息技术专业人才大赛、江苏省职业院校技能大赛"优秀指导教师"称号。

前 言

随着科技的不断进步和人工智能技术的快速发展，人工智能已经成为当今社会的热门话题与重要科技领域。从机器学习到自然语言处理，从图像识别到智能推荐，人工智能正逐渐渗透到我们生活的方方面面。人工智能是计算机科学领域的重要组成部分，人工智能技术通过学习和优化来解决复杂的问题，甚至具备类似人类智能的思考和决策能力。

在实践应用方面，人工智能的应用已经渗透到各行各业。例如，在医疗领域，利用人工智能技术可以帮助医生做出更准确的诊断，确定更好的治疗方案；在交通领域，利用人工智能技术可以优化交通系统，提高交通效率。除此之外，人工智能在旅游业、家居业、制造业、城市建设、教育、农业、物流等领域也都有所应用。本书将深入探讨人工智能技术的基础和实践应用，同时介绍如何利用人工智能技术解决实际问题。

全书共五章。第一章为绪论，主要涵盖人工智能的概念、人工智能的分类、人工智能的主流学派、发展人工智能的战略背景与意义等内容；第二章为人工智能发展历程、现状与趋势，主要涵盖人工智能的发展历程、人工智能的发展现状、人工智能的发展趋势等内容；第三章为人工智能的技术基础，主要涵盖知识表示、概念表示、专家系统、搜索技术、机器学习、人工神经网络等内容；第四章为人工智能的支撑技术，主要涵盖物联网助力人工智能、云计算助力人工智能、大数据助力人工智能等内容；第五章为人工智能的实践应用，主要涵盖智慧旅游、智慧医疗、智能家居、智能制造、智慧城市、智慧教育、智慧农业、智能物流等内容。

在撰写本书的过程中，笔者借鉴了大量国内外相关研究成果，在此向相关学者、专家表示诚挚的感谢！

笔者希望，通过对本书的学习，读者能够了解人工智能的基本概念和原理，掌握人工智能的基础支撑技术，并能够在实际工作中应用人工智能解决现实问题。

希望无论是计算机科学领域的从业者还是对人工智能感兴趣的读者，都能从本书中获得丰富的知识和实践经验。希望本书能对读者有所启发和帮助，共同推动人工智能技术的发展与创新。

最后，由于笔者水平有限，书中有一些内容还有待进一步深入研究和论证，在此恳请各位读者予以斧正。

孙华林

2023 年 12 月

目　录

第一章　绪论···1

　　第一节　人工智能的概念···1

　　第二节　人工智能的分类···9

　　第三节　人工智能的主流学派···14

　　第四节　发展人工智能的战略背景与意义·································19

第二章　人工智能发展历程、现状与趋势·································33

　　第一节　人工智能的发展历程···33

　　第二节　人工智能的发展现状···44

　　第三节　人工智能的发展趋势···53

第三章　人工智能的技术基础···57

　　第一节　知识表示··57

　　第二节　概念表示··61

　　第三节　专家系统··63

　　第四节　搜索技术··70

　　第五节　机器学习··72

　　第六节　人工神经网络··81

第四章　人工智能的支撑技术···86

　　第一节　物联网助力人工智能···86

　　第二节　云计算助力人工智能···98

　　第三节　大数据助力人工智能··104

第五章　人工智能的实践应用 …………………………………… 114

　　第一节　智慧旅游 ……………………………………………… 114

　　第二节　智慧医疗 ……………………………………………… 123

　　第三节　智能家居 ……………………………………………… 132

　　第四节　智能制造 ……………………………………………… 141

　　第五节　智慧城市 ……………………………………………… 149

　　第六节　智慧教育 ……………………………………………… 156

　　第七节　智慧农业 ……………………………………………… 159

　　第八节　智能物流 ……………………………………………… 164

参考文献 …………………………………………………………… 174

第一章　绪　论

人工智能是一门新兴的学科，旨在研究和开发能够模拟、延伸和扩展人类智能的理论、方法、技术及应用系统。人工智能属于计算机科学的一个分支，它专注于研究如何创造出能够模仿人类思考，甚至能够超越人类智能水平的智能反应机器。其目标是研究如何利用计算机的软硬件来模拟人类的某些智能行为，从而让计算机能够完成以往需要人才能完成的工作。简而言之，人工智能就是让机器具有人类智能。因此，人工智能对未来的发展具有重要意义。本章围绕人工智能的概念、人工智能的分类、人工智能的主流学派及发展人工智能的战略背景与意义四个部分展开研究。

第一节　人工智能的概念

一、人工智能的定义

什么是人工智能？下面将分几个层次对人工智能的定义进行介绍。

（一）现有定义

人工智能是利用数字计算机或数字计算机控制的机器模拟、延伸和扩展人类智能，并通过感知环境、获取知识和使用知识得出最佳结果的理论、方法、技术及应用系统。1956 年，约翰·麦卡锡（John McCarthy）在达特茅斯会议上首次提出了"人工智能"一词。自此以后，人工智能的概念也就逐渐扩散开来。从计算机应用系统的角度来看，人工智能是研究如何制造智能机器或智能系统，以模拟人类智能活动的科学。

"人工智能"已成为当今时代的热词。人们会在不同场合、不同语境下与不同的人谈论"人工智能"，人工智能的定义也因此变得难以界定，我们很难用确切的概念来定义什么是"人工智能"。

对于何为"人工智能"的回答，是开展人工智能研究的逻辑前提，因此不少研究者对人工智能的定义给出了自己的理解。有人认为，人工智能就是让计算机完成人类智能能做的各种事情。这种智能不是一维的，而是结构丰富、层次分明的空间，具备各种信息处理能力，可利用多种技术完成多重任务。也有学者认为，人工智能是一门科学，如美国斯坦福大学教授尼尔森（Nilsson）将人工智能定义为"人工智能是关于知识的学科——怎样表示知识及怎样获得知识并使用知识的科学。"在麻省理工学院的帕特里克·亨利·温斯顿（Patrick Henry Winston）教授看来，人工智能就是研究如何使计算机去做过去只有人类才能做的智能工作。"人工智能之父"马文·李·明斯基（Marvin Lee Minsky）则认为，人工智能就是研究让机器来完成那些如果由人来做则需要智能的事情的科学。可见，虽然学者们在一些细节上对人工智能的认知有差异，但在其基本思想和基本内容方面已达成共识：作为一门科学，人工智能其实就是一个像人一样能够自我感知和反应的人造系统。对此，有学者将人工智能所欲实现的主要目标归结为如下两方面：其一，在技术层面，利用计算机完成有益的事情；其二，在科学层面，利用人工智能概念和模型，帮助回答有关人类和其他生物体的问题。以上均是从科学层面来解释人工智能的，这种意义上的人工智能更多强调的是如何通过多学科知识的运用，设计出类似于人类智能的机器模拟，这既涉及何为智能的基础理论，又意味着智能机器要具备相应的能力（模仿、深度学习等）。

尽管以上论述对人工智能的定义说法不一，但可以看出，人工智能就其本质而言，是研究如何制造出智能机器或智能系统，来模拟人类的智能活动，以延伸人类智能的科学。人工智能包括有规律的智能行为和无规律的智能行为。有规律的智能行为是计算机能解决的，而无规律的智能行为，如洞察力、创造力，计算机目前还不能完全解决。

（二）定义的释义

对人工智能进行比较正式的介绍，即人工智能是用人造的机器模拟人类智能的技术。目前，这种机器主要指的是计算机，而人类智能主要指的是人脑功能。因此，从最简单与宏观的意义上看，人工智能是用计算机模拟人脑的一门学科。具体解释如下。

第一，人脑。人类智能主要体现在人脑的活动中，因此人工智能主要的研究目标是人脑。

第二，计算机。计算机是模拟人脑的机器。

第三，模拟。就目前的科学水平而言，人类对人脑的功能及其内部结构的了解还很不够，因此只能用模拟的方法来模仿人脑已知的功能，再通过计算机加以实现。

（三）释义的延伸

第一，人类智能。目前，人们所知的人类智能是人脑的思维活动，包括判断、学习、推理、联想、类比、顿悟、灵感等。此外，还有很多尚未被发现的人类智能。

第二，计算机。就目前而言，在人工智能中所使用的计算机实际上包括具有物联网功能并具有云计算能力的计算机网络，是一个分布式、并行操作的计算机系统。

第三，模拟方法。在人工智能定义的三个关键词中，人类智能属于脑科学范畴，计算机属于计算机科学范畴，而真正属于人工智能研究范畴的只有模拟方法的研究。它为了模拟人类智能中的功能而构造出相应的模型，这些模型就是人类智能的模拟，又称智能模型。

经过这样解释后，我们可以对人工智能做出更为全面与详细的定义，即人工智能是以实现人类智能为主要目标的一门学科，它通过模拟的方法建立相应的理论模型，再以计算机为主要工具，建立一种系统以实现理论模型。这种计算机系统具有近似于人类智能的功能。

人工智能研究涉及的学科很多，包括与"人类智能"有关的脑科学、生命科学、仿生学、形式逻辑、辩证逻辑等；与"计算机"有关的互联网技术、移动互联网、物联网、云计算、超级计算机、软件工程、数据科学及算法理论等；与"模拟方法"有关的数学、统计学、数理逻辑学、心理学、哲学、自动控制论等。

二、人工智能的要素

人工智能的四要素是数据、算力、算法、场景。人工智能的智能蕴含在数据中；算力为人工智能提供了基本计算能力的支撑；算法是实现人工智能的根本途径，同时也是挖掘数据智能的有效方法；只有在实际的场景中进行输出，数据、算力、算法才能体现出实际的价值。

（一）数据

数据是人工智能的基础。人工智能最主要的工作是训练数据。人类如果要学习获取一定的技能，必须经过不断训练。人工智能也是如此，只有经过大量训练的模型才能总结出规律，应用到新的样本上。如果现实中出现了训练中从未有过的场景，则模型预测的正确率就会降低。例如，需要识别勺子，但在训练中勺子总是和碗一起出现，那么人工智能很可能学到的是碗的特征。因此，对于人工智能而言，拥有覆盖各种可能场景的数据非常重要，只有这样才能得到一个表现良好的模型。

（二）算力

海量的数据、庞大的人工智能模型，都需要强大的算力来支撑。不仅仅是训练，在推理过程中，同样需要算力的支持。例如，在自动驾驶过程中，我们希望能快速、准确地识别出车前方的目标障碍物，因此速度就是一个很重要的指标，要求能实时识别。如果没有强大的算力支撑，实时识别就无法实现。

（三）算法

算法是人工智能的核心。只有算法有了突破，人工智能才有未来。当前主流的算法包括传统的机器学习算法和神经网络算法两种，其中神经网络算法发展迅速，近年来更是因为深度学习的发展而达到高潮。人工智能进入增长爆发期的里程碑事件是 2016 年围棋程序"阿尔法狗"（AlphaGo）击败人类围棋世界冠军李世石，而 AlphaGo 所采用的算法就属于深度学习算法。深度学习算法本身是建构在大样本数据基础之上的（概率统计），而且数据越多，数据质量越好，算法结果表现得也越好。

（四）场景

只有在具体的场景中，人工智能才有意义。数据要从场景中获得，算力的支撑要在场景中实现，算法也要在场景中优化适配。以炒菜为例，数据就是炒菜需要的食材，算力就是烹饪的灶台厨具，算法就是菜谱，但是炒菜的目的是让人们在饭店、在家里等最终享用。因此，只有将炒菜放置在一个具体场景里，炒菜才有意义。

三、人工智能的特征

第一，人工智能是由人类设计的，目的是为人类提供服务，本质上是通过计算和数据处理来实现。人工智能系统是由人类设计，并根据人类设定的程序逻辑和软件算法，在人类发明的芯片等硬件载体上运行。通过对数据的采集、加工、处理、分析和挖掘，以形成有价值的信息流和知识模型，为人类提供拓展人类能力的服务，进而实现模拟人类智能的行为。在理想情况下，人工智能系统应该以服务人类为本，并且不应该做出有意伤害人类的行为。

第二，人工智能系统应该具备感知环境、做出反应、与人类互动和互补的能力。它可以通过传感器等设备感知外界环境，甚至影响外界环境。通过虚拟现实（VR）与增强现实（AR）等方式，人和机器之间可以实现互动，使机器能够"理解"人类并与人类共同协作。这样，人工智能系统就可以帮助人类处理那些不擅长、不喜欢但机器能够完成的任务，而人类则可以从事更需要创造性、灵活性的工作。

第三，人工智能系统应该具备自适应特性、学习能力、演化迭代和连接扩展的能力。在理想情况下，人工智能系统应该具备一定的自适应特性和学习能力，可以随着环境、数据或任务的变化而自动调节参数或更新优化模型。此外，人工智能系统应该能够通过与云端、人类和物体的广泛深入连接扩展，实现机器和人类主体的演化迭代，以使人工智能系统具备适应性、灵活性和扩展性，从而能够应对不断变化的现实环境，为各行各业提供丰富的应用服务。

四、人工智能的应用

人工智能技术涉及认知科学、脑科学、心理学、计算机科学、统计科学、逻辑学、控制论、哲学等诸多领域。人工智能的应用可以说渗透到大部分领域，如智能制造、智能交通、智能家居、智慧医疗、智慧金融、智慧农业、智慧教育等。现在，针对人工智能和传统行业的融合而提出的"人工智能+"，代表了一种新的经济增长形态，将进一步推动人们生活方式、社会经济、产业模式、合作形态等各方面的发展。通俗来讲，人工智能就是让机器能听、能说、会看、可以理解和思考，所以下面从智能语音、机器视觉、自然语言处理三个方面来介绍人工智能的应用。这三个方面也被认为是人工智能的三大主要技术方向，是我国目前市场规模较大的商业化技术领域。

（一）智能语音

智能语音处理主要体现在语音识别、语音增强和语音合成等方面。

1. 语音识别

语音识别通常分为语音识别和声纹识别两类。两者的原理和实现方法都相似，只是提取的参数和训练的目标不同。语音信号通常是以波形编码的方式存储和传输的，在进行识别之前，需要进行预处理和特征提取两个步骤。预处理一般是采用滤波之类的方法来对语音信号进行提升和增强。传统的特征提取大多是将语音信号看作短时平稳信号，提取短时间段内的语音特征参数，如能量、过零率、共振峰参数、线性预测系数、梅尔频率倒谱系数等。然后，用聚类或隐马尔可夫模型（HMM）等模式识别的方法和模板库中的数据进行比对，从而输出识别结果。

近年来，深度学习技术被应用于语音识别领域，这大大提高了语音识别的正确率。长短时记忆模型的循环神经网络因为可以记忆长时信息，能较好地处理语音识别中需要借助上下文的信息，所以成为目前语音识别中应用最广泛的一种结构。

在声纹识别方面，研究多集中在基于深度学习的说话人信息方面的特征提取上。在深度神经网络的基础上，时延神经网络被提出。各种模型结构都逐渐成熟，不过也暴露出易受攻击等问题。

2. 语音增强

语音增强主要是指尽可能地去除混杂在语音信号中的各种噪声干扰，提高语音的清晰度和可懂度。传统的语音增强方法包括卡尔曼滤波法、自适应滤波法等。现在，基于深度学习的模型融合增强方法等算法陆续被提出，并显示出了更好的效果。另外，也有人结合说话者的嘴唇和面部视觉信息来提高嘈杂环境下的语音识别率。基于注意力机制的模型也越来越多地被应用于语音识别系统。在应用层面，远场跨语种和多语种语音识别等也开始成为研究热点。

3. 语音合成

在语音合成方面，早期的基于波形拼接的语音合成方法已经发展到基于参数的语音合成方法。基于隐马尔可夫模型的可训练语音合成方法在语音合成方面取得了较好的效果。深度学习的出现，使得深度神经网络代替其中的隐马尔可夫模型部分，直接预测声学参数，进一步提高了合成语音的质量。2016 年，谷歌推出基于深度学习的 WaveNet 系统，直接用音频信号的原始波形建模，逐点地进行处理，合成出了接近人声的自然语音，还能模仿其他人的声音和生成音乐。2017 年，谷歌推出基于注意力机制的编码解码模型 Tacotron，也在语音合成方面取得了很好的效果，在速度上优于逐点自回归的 WaveNet 模型，并且能够实现由文本到语音的直接合成。

（二）机器视觉

机器视觉也称计算机视觉，是研究如何对数字图像或视频进行高层理解的技术，赋予机器"看"和"认知"的能力，主要分为物体视觉和空间视觉两大部分。物体视觉在于对物体进行精细分类和鉴别；空间视觉主要在于确定物体的位置和形状，为进一步操控等动作做准备。按照信号的处理顺序，机器视觉包括成像、传感器、图像处理、输出控制等模块。

成像模块一般会配合传感器模块负责选取合适的信号源和信号通路，将物体信息加载到传感器上，如选择一定波长的激光，形成相干回路，获取干涉条纹并投射到互补金属氧化物半导体（CMOS）或感光耦合组件（CCD）图像传感器上。再或者想用超声波信号，就选择合适的超声波产生和接收回路，转换为电信号后进行信号放大和模数（A / D）转换等。

一旦获得了数字图像信号，就可以进行图像处理了。机器视觉算法是对获取的图像信息进行处理的关键，也是视觉控制系统的重要基础。传统的图像处理步骤通常是先提取图像的特征，然后使用机器学习中的决策树、聚类等方法，用搜索技术去匹配数据库、进行特征比对，最后获取结果。目前以深度学习为代表的图像处理方法正在大量取代传统处理方法。

输出控制主要根据具体的应用场景而定。人工智能技术的赋能，使机器视觉的研究朝着"认知"的方向发展。目前，机器视觉的主要研究方向和应用领域包括物体识别和检测、运动和跟踪、视觉问答等。物体识别和检测就是给定图片或视频数据，机器能自动找出图片中的物体或特征，并将所属类别及位置输出。它可细分为人脸检测与识别、自动光学检测、目标定位等。运动和跟踪主要用于视频图像处理。在找到被跟踪的物体后，需要在后续的视频中适应不同的光照环境、运动模糊及物体的表现变化等，持续地标出被跟踪物体的位置。视觉问答是根据输入的图像来回答用户的问题。

（三）自然语言处理

自然语言处理是语言学、计算机科学和人工智能的一个分支，主要研究如何使用计算机自动（或半自动）地处理、理解、分析及运用人类语言。它关注的是人与计算机之间使用自然语言进行高效沟通的各种理论和方法，旨在使计算机能够"理解"自然语言，并承担起语言翻译和问题回答等任务来替代人类的工作。简而言之，计算机将用户的自然语言作为输入，然后通过定义的算法在内部进行加工、计算等一系列操作（模拟人类对自然语言的理解过程），最后返回用户期望的结果。通俗地说，自然语言处理是希望机器能像人类一样，具备正常的语言理解和输出能力。通常自然语言处理和智能语音处理是紧密关联的。识别出了语音之后，为了进一步理解，就需要采用自然语言处理的相关技术，而自然语言处理完成后，常常也会采用语音合成的方式进行输出。为了区别于智能语音处理，这里的自然语言处理主要指通过对词、句子、篇章进行分析，对里面的内容等进行理解，并在此基础上产生人类可以理解的语言格式。具体来说，自然语言处理包括自然语言理解和自然语言生成两大部分，由此可以进一步产生一些更具体的技术，如机器翻译、问答系统、阅读理解、机器创作等。

自然语言处理的难点在于数据大多是非结构化的，而且语言规律非常复杂。语言可以自由组合，甚至发明创造一些新的表达方式。语言还存在多样性和歧义性，很多时候语言的含义是和一定领域的知识、上下文相关的。另外，语言还具有鲁棒性，有时就算出现错别字或发音不标准，也不影响表达意图。

自然语言处理是计算机科学和人工智能领域中的一个关键方向，它专注于研究和开发能够实现人与计算机之间使用自然语言进行有效通信的各种理论和方法。这个领域涉及众多技术，包括但不限于机器翻译、语义理解及问答系统等。

1. 机器翻译技术

计算机利用机器翻译技术可以实现从一种自然语言到另一种自然语言的翻译过程。过去，基于规则和实例的翻译方法存在一些限制，但基于统计的机器翻译方法则突破了这些限制，大大提高了翻译性能。基于深度神经网络的机器翻译已经在日常口语等场景中取得了成功，并显示出巨大的潜力。随着上下文语境和知识逻辑推理能力的发展，自然语言知识图谱不断扩充，因此机器翻译在多轮对话翻译和篇章翻译等领域有望取得更大的进展。

在非限定领域的机器翻译中，性能较好的是统计机器翻译，它包括训练和解码两个阶段。训练阶段的目标是获得模型参数，而解码阶段的目标是利用所获得的参数和给定的优化目标，获得待翻译语句的最佳翻译结果。统计机器翻译主要包括语料预处理、词对齐、短语抽取、短语概率计算、最大熵调序等步骤。基于神经网络的端到端翻译方法不需要为双语句子专门设计特征模型，而是将源语言句子的词串直接送入神经网络模型，经过神经网络的运算，得到目标语言句子的翻译结果。在基于端到端的机器翻译系统中，通常采用递归神经网络或卷积神经网络对句子进行表征建模，从大量训练数据中提取语义信息。与基于短语的统计翻译相比，其翻译结果更加流畅自然，也在实际应用中取得了良好的效果。

2. 语义理解技术

计算机利用语义理解技术可以实现对文本篇章的理解，并能回答与篇章相关的问题。相比于其他技术，语义理解更加注重对上下文的理解和答案的准确性。随着 MCTest 数据集的发布，语义理解领域得到了更多关注，并取得了快速发展，涌现出了多个数据集和相应的神经网络模型。语义理解技术将在智能客服、产品自动问答等相关领域发挥重要作用，从而进一步提高问答和对话系统的准确度。

在数据采集方面，语义理解通过自动构建数据和自动构建填空型问题的方法来有效扩充数据资源。为了解决填空型问题，研究者已经提出了一些基于深度学习的方法，如基于注意力机制的神经网络方法。目前，主流的模型是利用神经网络技术对篇章和问题进行建模，并预测答案的起始和终止位置。然而，对于更广泛的答案，处理的难度也会进一步提升，因此当前的语义理解技术仍存在较大的潜力和空间。

3. 问答系统技术

问答系统技术可以分为开放领域的对话系统和特定领域的问答系统两大类。问答系统技术是一种能让计算机像人类一样，使用自然语言与人进行交流的技术。人们可以通过问答系统提交用自然语言表达的问题，系统会返回关联性较高的答案。现在已经有不少问答系统的应用产品，它们大多是在实际的信息服务系统和智能手机助手等领域中使用，而在稳健性方面仍然存在着问题和挑战。

自然语言处理面临着四大挑战：一是在词法、句法、语义、语用和语音等不同层面存在不确定性；二是新的词汇、术语、语义和语法导致未知语言现象的不可预测性；三是数据资源的不充分使其难以覆盖复杂的语言现象；四是语义知识的模糊性和错综复杂的关联性难以用简单的数学模型描述，语义计算需要参数庞大的非线性计算。

第二节　人工智能的分类

关于人工智能的分类方法有很多，可以从发展阶段、应用领域、智能化强弱程度等方面进行划分。

一、按发展阶段分

第一，计算智能。计算智能指的是机器可以像人类一样计算、存储和传递信息，帮助人类快速处理和存储海量数据，即"能存储、会计算"。

第二，感知智能。感知智能是指机器具有类似于人类的感知能力，如视觉和听觉。通过这些能力，机器不仅可以理解并响应人类的指令，还可以做出判断和相应的反应，即"能听会说、能看会认"。

第三，认知智能。认知智能是指机器能够像人类一样进行主动思考并采取行动，全面辅助或替代人类完成某些工作。

二、按应用领域分

（一）人机对话

人类与机器进行对话的前提是机器能够"听懂"人类语言，这需要借助语音语义识别技术来实现。当人类说话的时候，机器首先接收到语音并将其转变为文字进行处理，其次对文字进行内容识别并理解，再次生成相应的文字并转化为语音，最后输出语音。以上这个过程不断重复，人类就会感觉是在和机器对话。

（二）机器翻译

全球已经查明的语言有 5 000 多种，而国际贸易中的主流语言有十几种，要完全掌握这些语言需要花费大量的学习时间。2014 年，机器翻译取得重大突破，可以相对全面地处理整个句子的信息，其双语评估替换（BLEU）值最高达到 40。到 2022 年，国际机器翻译协会北美分会指出目前机器翻译覆盖的语言方向达到了 125 075 个，这让不同国家之间的人们进行即时交流成为可能。

（三）人脸识别

银行开户、刑侦破案等都离不开对个人身份的确定，人脸识别技术可以让个人身份认证的精确度大大提高。首先，计算机通过摄像头检测出人脸所在位置；其次，定位出五官的关键点，并把人脸的特征进行提取，识别出人的性别、年龄、肤色和表情等；最后，将特征数据与人脸库中的样本进行对比，判断是否为同一个人。

（四）无人驾驶

人长时间开车会感觉到疲劳，容易发生交通事故，并且对健康不利，而无人驾驶则很好地解决了这些问题。首先，无人驾驶汽车上的传感器把道路、周围汽车的位置和障碍物等信息搜集并传输至数据处理中心；其次，识别这些信息并配合车联网及 3D 高精度地图做出决策；最后，把决策指令传输至汽车控制系统，通过调节车速、转向、制动等功能，达到汽车在无人驾驶的情况下也能顺利行驶的目的。同时，无人驾驶系统还能对交通信号灯、汽车导航地图和道路汽车数量进行整合分析，规划出最优交通线路，提高道路利用率，减少堵车情况，节约交通出行时间。

（五）风险控制

可以用人工智能来判断一个人的信用是否良好。首先，通过大数据技术搜集多维度用户数据，包括登录 IP 地址、登录设备、登录时间、社交关系、资金关系和购物习惯等；其次，通过计算机处理这些数据，生成信用分变量；最后，把信用分变量输入风控模型得出最后的信用结论，识别出个人的信用状况。

（六）机器写作

新闻稿的撰写往往需要编辑投入数小时的精心打磨，而一份详尽且优质的分析报告则可能需要长达一个月甚至更长时间的细致研究。然而，利用智能机器进行文本创作，可以大大节省所需的时间。机器通过算法对网络上的海量原始信息和数据进行去重、排序、实体发现、实体关联、领域知识图谱生成、筛选和整理，最终形成结构化的内容，随后再利用算法和模型把这些内容进一步加工成可读的新闻稿或可视化报告。

（七）教育领域

教育是一个名副其实的"脑力密集型行业"，而人工智能在自适应教育领域的应用可以帮助教师从繁重的教学工作中解脱出来，重点培养学生的创新思维。在学习管理中，人工智能可以完成拍照、搜题和分层排课等工作；在学习评测中，人工智能可以完成作业布置、作业批改和组卷、阅卷等工作；在学习方法中，人工智能可以完成推送学习内容、规划学习路径等工作。通过这些环节的密切配合，人工智能可以让每个学生都能拥有个性化的学习方式，从而极大地提高了学习效率。

（八）医疗领域

通过语音录入病例，提高了医患沟通效率；通过机器筛选医疗影像，减少了医生的工作量；通过对患者大数据的分析，随时关注其健康状况，预防疾病发生；通过医疗机器人的运用，提高了手术精度。此外，在药物研发中，通过人工智能算法来研制新药可以大大缩短研发时间并降低成本。

（九）工业制造

人工智能可以优化生产过程，缩减人工成本，主要在四个方面有显著应用：一是机械设备管理，即对设备进行故障预测、智能维修和生命周期管理；二是质检，通过计算机视觉对产品进行大规模检测，缩短了人工检测时间；三是参数性能，通过智能数据挖掘，优化工艺参数，提高产品品质；四是分拣机器人，通过 3D 视觉技术进行识别、抓取并摆放不规则物体，消除重复的人工流水线工作。

（十）零售领域

通过大数据与业务流程的密切配合，人工智能可以优化整个零售产业链的资源配置，为企业创造更多效益，让消费者有更好的体验。在设计环节中，人工智能可以提供设计方案；在生产制造环节中，人工智能可以进行全自动制造；在供应链环节中，由计算机管理的无人仓库，可以对销量及库存需求进行预测，合理进行补货、调货；在终端零售环节中，人工智能可以智能选址，分析消费者购物行为，并优化商品陈列位置。

（十一）网络营销

用户在互联网中的行为产生了大量的数据，通过人工智能算法对这些数据进行分析，可以得出每个用户的标签、行为和习惯。因此，当用户在使用搜索引擎、视频网站和直播等平台的时候，算法会为不同的用户精准推送不同的个性化广告，这极大地提高了用户对广告的接受程度。

（十二）智能客服

传统客服业务面临招人难、成本高等问题。一个客服机器人则可以同时通过语音和文字与大量客户沟通，理解客户需求，回答客户问题，并能指导客户进行操作。这无疑节约了客户的时间，提升了客户体验，实现了以"客户为中心"的理念。

三、按智能化强弱程度分

李彦宏在《推动新一代人工智能健康发展》一文中提及了人工智能的分类问题，他认为"人工智能发展包括弱人工智能、强人工智能和超人工智能三个阶段。虽然强人工智能和超人工智能距离我们尚远，但我们应该运用前瞻思维深入思考未来可能出现的问题，如人工智能是否安全可控、人会不会被机器取代、人与机器的责任如何界定等。"[①]借鉴李彦宏对人工智能的分类，从全世界的研发现状看，人工智能按智能化强弱程度可分为三类，即弱人工智能、强人工智能和超人工智能。但是，我们需要注意的是，弱人工智能其实并不那么弱。这种弱是根据人工智能无法复制人类大脑及其意识推断出来的结论。例如，人类可以通过前后文语境很轻松地识别出"抱负"和"报复"这两个词。但对于人工智能系统而言，它并没有像人类那样依靠前后文语境来理解区分的能力，而是依靠统计分析大量文件数据去辨别。因此，正如国际象棋大师加里·卡斯帕罗夫（Garry Kasparov）

① 李彦宏. 推动新一代人工智能健康发展 [J]. 智慧中国，2019（8）：41-42.

所言"人工智能世界，尽管对比赛结果、对世界的关注程度很满意，但'深蓝'本身，却和人工智能前辈们几十年前所想象的那样，距离能够成为国际象棋冠军的那个梦想机器相去甚远。这台计算机无法像人类一样思考或下棋，它没有创造力和直觉。相反他们看到这台机器只是每秒钟系统性地评估两亿种可能的下法，最终通过蛮力计算获得了胜利。"[1] 由此可见，人工智能在某些方面能力并不弱，反而是比人类智能强很多，只是评判的标准视角不同而已。

（一）弱人工智能

弱人工智能专注于执行特定任务，如语音识别、图像识别和翻译，它们在单一领域表现出色。弱人工智能通常基于统计数据来构建模型，尚未达到模拟人脑思维的程度，因此它们仍然属于"工具"范畴，与传统的"产品"在本质上没有太大区别。

近年来，我们看到了国际商业机器公司（IBM）的"沃森"（Watson）和谷歌的 AlphaGo 等杰出的信息处理者，但它们都属于受到技术限制的"弱人工智能"。例如，AlphaGo 的能力仅限于围棋，如果问它如何更好地在硬盘上存储数据，它就无法给出答案。这些使用弱人工智能技术制造的智能机器看似智能，但实际上并没有真正的智能和自主意识。

（二）强人工智能

强人工智能，又称多元智能，大多数研究人员希望他们的研究最终被纳入一个具有多元智能，结合其所有的技能并且超越大部分人类的能力。有些人认为要实现以上目标，可能需要拟人化的特性，如人工意识或人工大脑。这些问题被认为是体现人工智能的完整性：为了解决其中一个问题，必须解决全部的问题，即使一个简单和特定的任务。例如，机器翻译要求机器按照作者的论点（推理），知道什么会被人谈论（知识），忠实地再现作者的意图（情感计算）。因此，机器翻译被认为具有人工智能的完整性。强人工智能属于人类级别的人工智能，它可以在众多方面与人类相媲美，能够胜任人类所能完成的脑力工作。强人工智能系统具备学习、语言、认知、推埋、创造和计划等能力，目的是使人工智能在非监督学习的情况下处理所有的细节问题，同时与人类展开交互式学习。在强人工智能阶段，机器已经具备了与人类比肩的智能水平，同时也具备了具有"人格"的基本条件，可以像人类一样独立思考和做出决策。

---

[1] 萨斯坎德 L，萨斯坎德 D. 人工智能会抢哪些工作 [M]. 杭州：浙江大学出版社，2018.

（三）超人工智能

超人工智能的实质是相对于人的另外一种智慧物种。这种智慧物种不仅具有人类的意识、思维和智能，还可能具有自我繁衍的能力。

在超人工智能阶段，人工智能的计算和思维能力已经超越了人类的想象。它不再受制于人脑的维度限制，观察和思考的内容已经超出了人类的认知范围，人工智能将形成一个新的社会形态。

第三节　人工智能的主流学派

不同学科或学科背景的学者对人工智能都做出了各自的解释，提出了不同的观点，由此产生了不同的学术流派。目前，对人工智能研究影响较大的流派主要包括符号主义、连接主义和行为主义。这三大流派对人工智能有不同的理解，不同学术流派之间的思想和价值观念的不同使得最终实现人工智能的思路不同，从而延伸出了不同的发展轨迹。人工智能研究的三个主要流派和研究范式推动了人工智能的发展。符号主义认为认知过程可以通过符号处理来描述，将人类思维过程视为符号处理的过程，即使用静态、顺序、串行的数字计算模型来处理智能，致力于寻求知识的符号表征和计算，其特点是自上而下。连接主义模拟了人类神经系统中的认知过程，提供了与符号处理模型完全不同的认知神经研究范式，主张认知是相互连接的神经元相互作用的过程。行为主义认为智能是系统与环境的交互行为，是对复杂环境的适应。这些理论和范式都形成了自己独特的解决问题的方法，并在不同阶段取得了成功的效果。符号主义在解决问题方面取得了一系列成就，包括定理机器证明、归结方法和非单调推理理论等；连接主义在归纳学习方面取得了进展；行为主义则提出了反馈控制模式和广义遗传算法等解题方法。在人工智能的发展过程中，这些理论和范式始终处于积累经验和实践选择的证伪状态。

下面将详细介绍人工智能的三大流派。

一、符号主义

符号主义，也称逻辑主义，是基于物理符号系统假设和有限合理性原理的人工智能学派。该学派将人类视为一个物理符号系统，而计算机也是一个物理符号系统，因此能够使用计算机的符号操作来模拟人类的智能行为。1956 年，符号主义者首次提出了"人工智能"一词，并开发了启发式算法和专家系统，为人工智能的发展做出了重要贡献。特别是专家系统的成功开发和应用，对人工智能实现工程应用和理论联系实际具有特别重要的意义。在人工智能的其他学派出现之后，符号主义仍然是人工智能的主流学派，其代表人物主要有美国科学家艾伦·纽厄尔（Allen Newell）、赫伯特·亚历山大·西蒙（Herbert Alexander Simon）和爱德华·费根鲍姆（Edward Feigenbaum）。

纽厄尔、西蒙的工作聚焦于启发式算法，他们于 1956 年编制了第一个人工智能程序——基于搜索树方法的数学定理证明程序"逻辑理论家"。但是由于搜索树方法的局限性，随着推理的进行，树的模型会呈指数增长，求解的难度也大大增加。为了解决这一问题，纽厄尔与西蒙使用"经验法则"来对树的分支进行"修剪"，从而简化树的模型，这些法则后来被称为"启发式算法"。启发式算法是一种基于直观或经验构造的算法，能够以可接受的代价为待解决的组合优化问题提供每一个实例的可行解。这种算法从一个（一组）初始解开始，在算法关键参数的控制下，通过邻域函数生成若干邻域解，接着根据某个接受标准（确定性、概率性或混沌方式）来更新当前状态，然后根据关键参数修改标准和调整关键参数，并重复以上步骤，直到得到满足算法收敛要求的优化结果。这一算法后来成为人工智能领域的重要突破，并成为处理难以求解的指数组合爆炸的重要方法。虽然有启发式算法的帮助，但是"逻辑理论家"仍然不能用于处理复杂的现实生活中的问题。于是，纽厄尔、西蒙于 1957 年又基于"逻辑理论家"创建了一般问题解决器（GPS）系统，将待解决的问题与策略进行了分离，从而简化求解过程。尽管如此，GPS 系统能够处理的问题仍然十分有限，也很难把实际问题改造成适合于计算机解决的形式。

费根鲍姆的工作主要在于专家系统的开发。他在总结 GPS 系统研发经验的基础上，于 1965 年结合化学领域的专业知识，创造了世界上第一个专家系统——用于推断化学分子结构的 Dendral。随着专家系统的发展，其应用范围涵盖了大部分领域，其中不少在能力上已经达到甚至超过同领域中人类专家的水平，并产生了巨大的经济效益。专家系统通常由人机交互界面、知识库、推埋机、解释器、综合数据库、知识获取六个部分组成。其基本工作流程是，首先，用户通过人机交互界面提出问题；其次，推理机将用户输入的信息与知识库中各个规则的条件进行匹配，并将被匹配规则的结论存放在综合数据库中；最后，通过人机交互界面将最终结论呈现给用户。专家系统还可以通过解释器向用户解释以下问题：系统为什么要向用户提出该问题？计算机是如何得出最终结论的？总的来说，符号主义在人工智能发展的初期取得过很大的成就，但近年来发展逐渐变缓，取得的主要成果都集中于启发式算法和专家系统。

现阶段人工智能领域广泛应用的蚁群算法、模拟退火法和神经网络等都是启发式算法的代表。算法未来的发展主要有以下四个方向：对现有分散的研究成果进行整理归纳，建立统一的算法体系结构；在现有数学方法的基础上寻求新的数学工具；开发新的混合式算法及开展现有算法改进方面的研究；研究高效并行或分布式优化算法。

专家系统的发展已经历了前三个阶段，正向第四个阶段过渡和发展。当前，专家系统的应用主要停留在以规则推理为基础的相对狭义阶段，主要应用于实验室研究及一些轻量级应用，无法满足大型商业应用、实时智能推理及大数据处理的需求。为了进一步发展，专家系统将以模型推理为主、以规则推理为辅，并针对商业应用需求进行优化，满足实时处理和大数据量处理的需求。同时，专家系统将朝着更为专业化的方向发展，并针对具体方向性的需求提供针对性的模型与产品。

二、连接主义

连接主义，又称仿生学派或生理学派，是一种基于神经网络间的连接机制与学习算法的智能模拟方法。这一学派认为人工智能源于仿生学，特别是对人脑模型的研究。连接主义学派从神经生理学和认知科学的研究成果出发，把人的智能归结为人脑高层活动的结果，强调智能活动是由大量简单的单元通过复杂的相互连接后并行运行的结果，人工神经网络就是其典型代表性技术。

1943 年，美国心理学家沃伦·麦卡洛克（Warren McCulloch）和数学家沃尔特·皮茨（Walter Pitts）发表了 *A logical Calculus of Ideas Immanent in Nervous Activity*，这是神经网络的开山之作。但在这之后相当长的一段时间里，连接主义依旧不被大众认可。1957 年，神经网络的研究取得了一个重要突破。康奈尔大学的实验心理学家弗兰克·罗森布拉特（Frank Rosenblatt）在一台 IBM-704 计算机上模拟实现了一种他发明的名叫"感知机"的神经网络模型，它可以完成一些简单的视觉处理任务，这在当时引起了轰动。但是，符号主义学派的代表人物美国学者明斯基认为神经网络不能解决人工智能的问题。后来，罗森布拉特和麻省理工学院的西蒙·派珀特（Seymour Papert）博士指出了"感知机"存在的缺陷，政府资助机构也逐渐停止了对神经网络研究的支持，从此神经网络研究进入了多年的"饥荒期"。1982 年，美国科学家约翰·约瑟夫·霍普菲尔德（John Joseph

Hopfield）提出了一种新的神经网络，其可以解决一大类模式识别问题，还可以给出一类组合优化问题的最优解，这种神经网络模型后来被称为霍普菲尔德网络模型。霍普菲尔德网络模型的提出振奋了神经网络领域，一大批早期神经网络研究者发起了连接主义运动，一时间神经网络成为显学，美国国防部、海军和能源部等也加大了对神经网络研究的资助力度。2006 年，加拿大计算机学家和心理学家杰弗里·辛顿（Geoffrey Hinton）等提出了深度学习的概念，推动了神经网络领域新的发展。所谓深度学习，就是用很多层神经元构成的神经网络达到机器学习的功能。在 2012 年的图像识别国际大赛上，辛顿团队的 SuperVision 以超过10％的优势击败对手，拔得头筹。随着硬件技术的发展，深度学习已经成为人工智能时代的主流。

对比物理符号系统假说，人们可以发现，如果将智力活动比作一款软件，那么支撑这些活动的大脑神经网络就相当于硬件。主张神经网络研究的科学家实际上在强调硬件的作用，认为高级的智能行为是从大量神经网络的连接中自发出现的。神经网络具有麦卡洛克－皮茨模型、感知机和多层感知机三种模型。

第一，麦卡洛克－皮茨模型。1943 年，麦卡洛克和皮茨二人提出了一个单个神经元的计算模型，即麦卡洛克－皮茨模型。在这个模型中，通过输入单元，可以接收其他神经元的输出，并将这些信号加权传递给当前神经元，完成汇总。如果汇总的输入信息强度超过一定的阈值，神经元就会向其他神经元发送信号或直接向外部输出信号。

第二，感知机。感知机模型可以被形象地比喻为一个由许多大小不一的水龙头组成的水管网络。这些水龙头可以调节控制最终输出的水流，并能够使其达到人们想要的流量。这就是感知机模型的学习过程。

感知机的提出者认为，只要明确了输入和输出之间的关系，感知机就可以通过学习来解决任何问题。然而，1969 年，美国科学家、人工智能界的权威人士明斯基通过理论指出，感知机无法学习任何问题，甚至连一个最简单的问题，如判断一个两位数的二进制数是否包含 0 或 1 都无法完成。

第三，多层感知机。辛顿采用"多则不同"的方法，把多个感知机连接成一个分层的网络，圆满地解决了明斯基提出的感知机无法学习任何问题。在多层感知机里有很多个神经元，在学习过程中有几百甚至上千个参数需要调节，辛顿等发现，采用美国学者阿瑟·布莱森（Arthur Bryson）提出的反向传播（BP）算法可以解决"多层网络训练问题"。其中，反向传播算法是一种常用的传播算法。以水流管道为例来进行说明，核心思想有两点：一是当网络执行决策的时候，水从左侧的输入节点往右流，直到输出节点将水吐出；二是在训练阶段，需要从右往左一层层地调节水龙头，要使水流量达到要求，只要让每一层的调节只对它右面一层负责即可，从而实现反向修正感知机的参数。

以多层感知机为原型，经过多年的研究，产生了人工智能学习算法，如卷积神经网络、循环神经网络等。连接主义的代表性成果是由麦卡洛克和皮茨提出的形式化神经元模型，即麦卡洛克-皮茨模型，从此开创了神经计算的时代，为人工智能创造了一条用电子装置模仿人脑结构和功能的新途径。1982年，美国物理学家霍普菲尔德提出了离散的神经网络模型；1984年，他又提出了连续的神经网络模型，使神经网络可以用电子线路来仿真，开拓了神经网络用于计算机的新领域。

三、行为主义

行为主义，又称进化主义或控制论学派，是一种基于控制论和"感知—动作"型控制系统的人工智能学派。它认为智能源于对外界复杂环境的适应，强调感知和行为对智能的决定性作用，而非表示和推理。作为人工智能的一个新兴学派，行为主义出现在20世纪末。早期的行为主义人工智能研究着重于模拟人类在控制过程中展示的智能行为和效果，如自寻优、自适应、自镇定、自组织和自学习等控制论系统的研究，并致力于开发"控制论动物"。

具有代表性的"控制论动物"作品包括美国著名机器人制造专家罗德尼·布鲁克斯（Rodney Brooks）的六足行走机器人，它是基于感知—动作，模拟昆虫行为的控制系统。行为主义人工智能认为，智能是通过主体与环境的交互产生的，智能行为取决于对复杂环境的适应。行为主义将复杂的行为分解成简单的行为，以便进行研究，同时强调智能主体只有在真实环境中通过反复学习才能处理各种复杂情况，并最终学会在未知环境中运行。实现主体在与环境交互中学习行为的方法主要有进化计算和强化学习两种途径。这些方法都旨在让主体通过与环境互动，不断学习和改进行为。

进化计算中的遗传算法是模拟生物进化的随机算法。它遵循英国生物学家查尔斯·罗伯特·达尔文（Charles Robert Darwin）的优胜劣汰原则。该算法由美国心理学家约翰·霍兰德（John Holland）提出，并经由其他学者不断完善。遗传算法的一般步骤包括：创造种族、对每个种族进行评估、选择适应性最好的种群、通过基因操作来选择新的种群。遗传算法具有出色的全局搜索能力，能够迅速遍历空间中的所有解，避免陷入局部最优解的快速下降陷阱。此外，由于其内在的并行性，遗传算法可以方便地进行分布式计算，从而加快求解速度。但是，遗传算法的局部搜索能力相对较弱，导致单纯使用遗传算法可能会耗费大量时间，并且在进化后期搜索效率较低。根据遗传算法所具有的特点，该类算法主要用于智能搜索、最优化和机器学习三个领域。

强化学习研究的是智能体（Agent）与环境之间交互的任务，也就是让智能体像人类一样通过试错，不断学习在不同的环境下做出最优的动作。1957年，美国应用数学家理查德·贝尔曼（Richard Bellman）为了求解最优控制问题的马尔可夫决策过程提出了动态规划法，该方法采用了类似强化学习的试错迭代机制，使马尔可夫决策过程成为定义强化学习问题的最普遍形式。1992年，沃特金斯（Watkins）在此基础上提出了强化学习算法中的一种经典算法——Q-Learning算法。其中，Q为Q（S，A），即在某一时刻的状态S（State）下，采取动作A（Action）能够获得收益的期望，环境会根据智能体的动作反馈相应的回报R（Reward）。因此，算法的主要思想就是将状态（State）与动作（Action）构建成一张Q表格来存储Q值，然后根据Q值来选取能够获得最大收益的动作。强化学习提供了这样一种美好的前景：只要确定了回报，不需要规定智能体怎样完成任务，智能体就能通过试错学会最佳的控制策略。

第四节　发展人工智能的战略背景与意义

人工智能已经步入了一个全新的阶段，在移动互联网、大数据、超级计算、传感网、脑科学等前沿理论和技术的共同推动下，人工智能的发展日新月异，展现出深度学习、跨领域融合、人机协同、自主操控等新特征。现在，大数据驱动的知识学习、跨媒体的协同处理、人机协同的增强智能、群体集成的智能及自主智能系统成为人工智能发展的核心方向。同时，受到脑科学研究成果的启发，类脑智能也正蓄势待发。显然，人工智能的芯片化、硬件化、平台化趋势日益明显，人工智能正在步入一个全新的发展阶段。当前，新一代人工智能的相关学科发展、理论建模、技术创新、软硬件升级等都在全面推进，引发了链式突破，推动了经济社会各领域从数字化、网络化向智能化加速跃升。

人工智能也成为经济发展的新引擎。作为新一轮产业变革的核心驱动力，人工智能将进一步释放历次科技革命和产业变革所积蓄的巨大能量，并创造新的强大引擎。它将深刻重塑生产、分配、交换和消费等经济活动的各个环节，催生出从宏观到微观各领域的智能化新需求。这将引发经济结构的重大变革，深刻改变人类的生产生活方式和思维模式，同时全面提升社会生产力。在我国经济发展进入新常态的背景下，深化供给侧结构性改革任务艰巨，因此必须加快人工智能的深度应用，培育壮大人工智能产业，为我国经济发展注入新的动能。

一、发展人工智能的战略背景

（一）人工智能的战略定位和重点任务

2017 年 7 月 8 日，国务院印发的《新一代人工智能发展规划》明确了人工智能的战略定位，并明确了未来人工智能发展与经济、社会、民生等领域的结合，为中国人工智能的发展提出了战略方向。

1. 战略定位

人工智能已成为国际竞争的新焦点，被认为是引领未来的战略性技术。主要发达国家将发展人工智能作为提升国家竞争力和维护国家安全的重要战略。为了在新一轮国际科技竞争中保持主导地位，各国纷纷加快出台规划和政策，加强对核心技术和顶尖人才的培养和规范。当前，我国面临更加复杂的国家安全和国际竞争环境，必须着眼于全球，将人工智能发展放在国家战略层面进行系统布局和主动谋划，以获取人工智能发展新阶段国际竞争的战略主动权。我们需要打造竞争新优势、开拓发展新空间，以有效保障国家安全。

2. 重点任务

第一，构建一个开放且协同的人工智能科技创新体系。这包括在前沿基础理论、关键共性技术、创新平台、高端人才队伍等方面进行强化部署。

第二，发展高端、高效的智能经济。这意味着要发展人工智能新兴产业，推动产业智能化升级，并打造人工智能的创新高地。

第三，建设一个安全且便捷的智能社会。发展高效的智能服务，提高社会治理的智能化水平，通过利用人工智能提升公共安全保障的能力，并促进社会交往的共享和互信。

第四，人工智能领域加强军民融合。这将促进人工智能技术的军民双向转化，以及军民创新资源的共建共享。

第五，构建一个安全且高效的智能化基础设施体系。这意味着要加强网络、大数据、高效能计算等基础设施的建设和升级。

第六，前瞻性地布局重大的科技项目。针对新一代人工智能特有的重大基础理论和共性关键技术的瓶颈，需要进行整体统筹，形成以新一代人工智能重大科技项目为核心，统筹当前和未来研发任务布局的人工智能项目群。

可以看到，《新一代人工智能发展规划》从高度入手为人工智能发展营造了积极的政策环境，同时立足当下、展望未来，做出了明确性的发展规划，并对重点领域提出了明确的要求，为中国人工智能的发展指明了方向。要想进军人工智能领域，就必须将规划吃透，在政策的支持与引导下，不断创造人工智能的辉煌。

（二）中国人工智能的战略进展

在日新月异的新一代信息技术中，人工智能已经成为当之无愧的核心，全球领导者之争也正式拉开帷幕。为了在人工智能发展上占据先机，避免在这场世纪之争中落于人后，丧失国家发展的关键机遇，许多国家纷纷推出了关于人工智能的重磅报告，努力将人工智能技术发展提升为国家战略，并且围绕着人工智能技术创新、人才培养、标准规范等环节展开了全方位布局，出台了大量政策、措施和战略规范，努力加强人工智能发展的顶层设计，抢占战略制高点。作为全球第二大经济体，中国近年来充分向世人展现和宣告了引领全球人工智能技术研究和应用的雄心壮志。

2014 年 6 月 9 日，中国科学院第十七次院士大会、中国工程院第十二次院士大会强调要"审时度势、全盘考虑、抓紧谋划、扎实推进"，发展人工智能技术。

2015 年 5 月，国务院印发《中国制造 2025》，提出加快推动新一代信息技术与制造技术融合发展，把智能制造作为两者深度融合的主攻方向。

2015 年 7 月，国务院发布《国务院关于积极推进"互联网 +"行动的指导意见》，将人工智能列为其十一项重点行动之一。次年 5 月，为落实该指导意见，加快人工智能产业发展，国家发展和改革委员会、科技部、工业和信息化部、国家互联网信息办公室制定了《"互联网 +"人工智能三年行动实施方案》。该方案系统地提出了中国在 2016—2018 年人工智能发展的具体思路和内容，并提出了资金支持、标准体系、知识产权、人才培养、国际合作、组织实施六个相关的保证措施。

2016 年，中国政府制定发布了《"十三五"国家科技创新规划》《智能硬件产业创新发展专项行动（2016—2018）》《"十三五"国家战略性新兴产业发展规划》等，将人工智能的发展作为战略重点。2017 年 3 月 5 日，在第十二届全国人民代表大会第五次会议上，时任国务院总理李克强在作国务院政府工作报告时指出："全面实施战略性新兴产业发展规划，加快新材料、新能源、人工智能、集成电路、生物制药、第五代移动通信等技术的研发和转化，做大做强产业集群。""人工智能"一词首次被写入国家政府工作报告。

2017年7月8日，国务院印发《新一代人工智能发展规划》，将人工智能上升到国家战略的高度。《新一代人工智能发展规划》强调了发展人工智能的必要性，客观地分析了中国人工智能的发展状况，从总体要求、重点任务、资源配置、保障措施、组织实施等层面进行阐述，进一步明确了新一代人工智能发展的战略目标。

2017年12月，工业和信息化部专门出台了《促进新一代人工智能产业发展三年行动计划（2018—2020年）》。该计划指出，人工智能具有显著的溢出效应，与经济社会各领域的深度渗透融合，能够推动制造强国和网络强国建设，助力实体经济转型升级。

国家在加快出台鼓励支持人工智能发展政策性文件的同时，还加大了对人工智能领域的资金投入，并启动了人工智能的重大科技项目。2017年11月15日，科技部召开了新一代人工智能发展规划暨重大科技项目启动会，这标志着新一代人工智能发展规划和重大科技项目已经进入全面实施阶段。会议公布了首批国家新一代人工智能开放创新平台名单：依托百度公司建设自动驾驶国家新一代人工智能开放创新平台，依托阿里云公司建设城市大脑国家新一代人工智能开放创新平台，依托腾讯公司建设医疗影像国家新一代人工智能开放创新平台，依托科大讯飞公司建设智能语音国家新一代人工智能开放创新平台。2018年10月31日，中共中央政治局就人工智能发展现状和趋势进行了第九次集体学习。在学习过程中，大家一致认为人工智能是新一轮科技革命和产业变革的重要推动力量，加快发展新一代人工智能对于抓住这一轮科技革命和产业变革机遇具有战略意义。因此，我们需要深刻认识到加快发展新一代人工智能的重大意义，加强领导、做好规划、明确任务、夯实基础，促进人工智能与经济社会发展深度融合，推动中国新一代人工智能健康有序发展。

2019年的政府工作报告将人工智能升级为"智能＋"。时任国务院总理的李克强在作政府工作报告时称，要"打造工业互联网平台，拓展'智能＋'，为制造业转型升级赋能"。同时，政府工作报告中还提到要"促进新兴产业加快发展。深化大数据、人工智能等研发应用，培育新一代信息技术、高端装备、生物医药、新能源汽车、新材料等新兴产业集群，壮大数字经济"。这是继"互联网＋"被写入政府工作报告之后，"智能+"第一次出现在政府工作报告中。作为国家战略的人工智能正在逐渐与产业融合，加速经济结构优化升级，对人们的生产和生活方式产生深远的影响。

2020年，人工智能被纳入新基建范畴，正式进入高速发展的新阶段。除国家外，人工智能也正在被越来越多的企业所关注。据埃哲森一项针对全球高管的调查，有超过60%的被访企业表示将会把人工智能作为新技术的投资方向，特别是在2020年的全球大流行之后，这种趋势变得更加鲜明。

2021年，世界主要国家逐步细化了人工智能技术的发展战略和规划，各项军事智能技术取得突破性进展，应用前景越来越广阔，人工智能军事作战赋能进程不断加快。

2022年，中国科学技术信息研究所发布的《2021全球人工智能创新指数报告》指出，目前全球人工智能发展呈现中美两国引领、主要国家激烈竞争的总体态势。在46个参评国家中，2021年全球人工智能创新指数大致可被分为四个梯队：第一梯队是美国和中国，第二梯队是韩国、英国等9个国家，第三梯队是瑞典、卢森堡等13个国家，第四梯队是印度、俄罗斯等22个国家。

2023年6月25日，2023全球人工智能产品应用博览会在苏州正式揭幕。揭幕式上，新华社中国经济信息社江苏中心与新一代人工智能产业技术创新战略联盟共同发布《新一代人工智能发展年度报告（2022—2023）》，这是新华社中国经济信息社连续第五年发布人工智能发展年度报告。年报指出，从2022年开始，国内外人工智能发展呈现新的特点与趋势。作为"全球最具有潜力的国家"，中国在人工智能领域正在从"跟跑"逐渐走向"领跑"。

二、发展人工智能的战略意义

（一）宏观层面

1.人工智能对国家的意义

随着我国人工智能产业规模的进一步扩大，将出现更多的产业级和消费级应用产品。未来"人工智能+"有望成为新业态，人才储备则将成为制约中国人工智能发展的重要因素。因此，面对新形势、新需求，必须从进一步发展人工智能教育着手。牢牢把握人工智能发展的重大历史机遇，关注智能教育本科人才培养、智能教育研究生人才培养、智能科普教育、智能创新创业教育、智能教育的教学研究，构建多层次教育体系，在中小学阶段引入人工智能普及教育；不断优化完善专业学科建设，构建人工智能专业教育、职业教育和大学基础教育于一体的高校教育体系；鼓励、支持高校相关教学、科研资源对外开放，建立面向青少年和社会公众的人工智能科普公共服务平台，积极参与科普工作。通过智能教育的发展让我国人工智能的发展形成良性循环，引领世界人工智能发展新潮流，服务经济社会发展和支撑国家安全，带动国家竞争力整体跃升和跨越式发展。

2. 人工智能对经济的意义

科技发展为经济增长注入了新动能。近年来，我国人工智能产业在技术创新、产业生态、融合应用等方面取得积极进展，已进入全球第一梯队。据中国信息通信研究院测算：2022 年，我国人工智能核心产业规模达 5 080 亿元，同比增长 18%。在人工智能浪潮席卷全球的背景下，如何借助人工智能抢占发展制高点，推动人工智能和实体经济的深度融合，是我国面临的时代课题。近年来，算法、数据及算力的突破，为人工智能产业发展提供了巨大推力。在此基础上，机器学习、深度学习等技术有了长足发展，并爆发出了惊人能量，驱动着人类步入以算法为核心的人工智能时代。人工智能将在所有和数据相关的领域中得到应用，使众多的垂直领域实现智能化、智慧化。深度学习算法赋予了机器自主学习的能力，在语音、图像、自然语言处理等领域得到广泛应用，并推动了诸多新兴产业的快速发展。通过人工智能革新产品与服务，进一步提高生产力水平，为中国经济提质增效提供了长效解决方案。人工智能底层技术的革新，使智能机器不仅仅可以更好地认识物理世界，更能在一系列个性化场景中得到落地应用。微软、谷歌、IBM、百度、腾讯等科技企业将布局人工智能视为制胜未来的一项重要战略。各国政府也纷纷出台了国家级人工智能战略规划，从顶层设计角度上为推进人工智能产业发展提供指导。另外，关于人工智能对实体经济的影响，在经济学中衡量新技术对经济的影响，需要分析全要素增长率。人工智能可以重构经济发展基础，给人类社会带来颠覆性革新。

（1）人工智能对实体经济的影响

第一，提高实体经济运行效率。人工智能是一种新型生产要素，为实体经济提供了虚拟劳动力，可以协助或代替人类完成各种任务。传统自动化系统仅能完成重复性、机械性工作，应用条件较为苛刻；智能系统可以自主学习、思考、决策并执行，不仅可以完成简单工作，还能处理复杂任务。这将有效降低生产成本，提高实体经济运行效率。

第二，进一步降低交易成本。基于人工智能的开放平台能够打破沟通壁垒的特点，从而实现供给方与需求方的无缝对接、减少商品流通环节、有效降低交易成本。更为关键的是，机器学习算法的应用能够快速整合优质资源并高效配置，从而满足用户日益个性化、多元化的品质消费需求。

第三，人工智能将带来数据经济。数据产业是高新技术产业的典型代表，大数据、云计算、人工智能等技术的发展，使发掘海量数据的潜在价值具备了落地可能。

第四，推动人工智能与实体经济的深度融合。近年来，我国政府从多个层面为人工智能产业发展提供支持。推动人工智能和实体经济深度融合，有助于推进人工智能科研成果转化，为实体经济增长打造"新引擎"。虽然人工智能已经有了60多年的发展历史，但其更多地停留在实验室阶段，大众对人工智能的印象以科幻电影中的机器人形象为主。目前，人工智能应用大量涌现，人工智能概念得到大范围推广普及，大众也能体验到多种人工智能产品和服务。为了加快人工智能发展进程，充分释放其红利，我国需要从以下三个方面着手，为推动人工智能与实体经济深度融合提供强有力的支持。一是人才培养，推动技术进步。人工智能产业是智力密集型产业，人才对其发展有着直接影响。与美国等发达国家相比，我国人工智能人才储备相对不足，学术人才、科研人才及面向实际应用的专业人才都是稀缺资源。为了解决人才问题，我国需要建立完善的人工智能人才培养体系。重视人工智能学科建设，引导高校、科研机构和企业协同合作，构建应用导向型人才培养模式，为人工智能产业的持续发展奠定良好基础。此外，政府还需要做好人工智能技术科普工作，提高全民科技素养，为人工智能人才培养营造优良的社会环境。二是加大数据开放，推进数据治理。我国有着庞大的数据资源，但由于理念落后、起步时间较短等，完善的数据开放、交易格局尚未形成。数据开放是世界各国的主流趋势，但开放数据的前提是安全、合规。为此，政府需要在推进数据开放的同时，加快完善数据开放法律法规及相关标准，促进政府部门、高校、科研机构、企业之间安全高效地进行数据共享，为发展人工智能提供源源不断的数据支持。三是加深实体经济领域的场景探索。将人工智能科研成果转化为可以创造经济效益和社会效益的产品和服务，是人工智能产业实现可持续增长的前提。推进人工智能和实体经济的深度融合，也正是强调人工智能在实际场景中的落地应用。虽然我国在人工智能场景应用方面有一定的领先优势，但是应用层次相对较浅，还远未能充分发挥出人工智能对产业改造升级的强大能量。因此，未来相关从业者需要精准把握用户需求痛点，进一步增强人工智能在实体经济领域中的应用场景探索，用科技造福社会。

（2）人工智能推动传统产业的发展

人工智能具有强大的创造力和增值效应，它能够实现传统产业的自动化和智能化，从而促进传统行业实现跨越式的发展，对行业趋于多元化发展具有重要意义。例如，人工智能与传统家居的结合促使了智能家居的产生；人工智能与传统物流的结合形成了智慧物流体系。

（3）人工智能创造新的市场需求

人工智能带动了产业的发展，也相应地会出现新的消费市场需求。随着人工智能技术的深入发展和广泛应用，生产出了许多新的智能产品，如智能音箱、无人机及智能穿戴等，从而刺激了消费需求，带动了经济的发展和增长。

（4）人工智能产生新的行业和业务

人工智能的兴起和发展产生了一批新的行业和业务，对产业结构的升级产生了重大的影响，改变了产业结构中不同生产要素所占的比例，推动了产业结构的优化和升级。现在，人工智能已然成为各大企业巨头的重要发展战略。人工智能虽然会取代部分劳动力的工作，但是也会产生一大批新的职业和岗位，为人们提供新的就业机会。

（5）人工智能推动企业发展

除了生活和教育方面，人工智能在企业管理方面也发挥着一定的作用。

第一，降低绩效管理成本。绩效考核是企业管理中的一个非常重要的环节和组成部分，传统的绩效考核管理方法虽然行之有效，但要耗费大量的人力成本。由于整个绩效管理过程都是由人工来完成的，因此不可避免地会影响到考核结果的客观性和公正性。人工智能的发展为企业的绩效考核管理提供了新的技术和方法，如指纹考勤打卡、人脸识别打卡、智能打卡机器人及软件打卡等。人工智能技术能够避免人为因素的干扰，使企业绩效考核更加客观、公正，从而提高绩效管理的效率。在一些大型企业中，已经有利用智能打卡机器人来进行通勤打卡、绩效考核的应用案例了。通过摄像头扫描人脸信息，并与企业系统储存的员工信息和数据进行对比，身份识别完成后，会在机器屏幕上显示员工的信息，如名字和工号。不仅如此，它还会对该员工进行语音问候，如"某某，早上好""下班了，您辛苦了"，这样不但显得非常人性化，而且降低了人工成本。

第二，降低企业生产成本。降低生产成本是企业增加利润的手段之一，因为人工智能机器设备可以代替人类从事那些简单重复性的流水线作业，所以可以直接降低员工雇用成本。这样还能避免员工因个人因素而导致的工作失误，提高生产效率。基于这些优势，各大企业生产厂家都在大力引进人工智能生产设备，推行自动化生产。

第三，降低企业人工成本。在互联网企业中，通过人工智能技术开发出的人工智能客服，可以实现 24 小时在线，大大节约了人工客服成本。人工智能客服能够根据用户的问题自动为其生成最佳的答案。除人工智能客服外，无人仓也是企业利用人工智能技术降低人工成本的举措。例如，2022 年 7 月 1 日，在江苏省淮安市电子商务物流园某电商物流企业中，智能化无人仓 28 000 组智能密集存储货架、自动转运小车、自动导向车（AVG）搬运机器人等设备按照指令有序地完成了入库工作。智能化无人仓开启了智慧物流仓储新时代。尽管研发和安装的成本较高，但是它带来的收益是巨大的，在长期的发展收益中，这些成本可以忽略不计。

（6）人工智能促进营销升级

从广告内容的优化到更有价值的数据，再到打造个性化营销，人工智能将逐渐渗透到市场营销领域中，并带给其可喜的发展变化，为营销创造一个全新的天地。

第一，广告内容的优化。当人工智能被引入营销领域时，该领域内的各方面都将围绕人工智能发生改变。特别是营销的基础——广告内容，更是在人工智能的指导和帮助下助力营销更快实现。众多媒体开始引入人工智能进行一般文案的撰写，这同样意味着人工智能的功能有了重大提升。

第二，更有价值的数据。在瞬息万变的市场上，大数据和人工智能的融合应用已经成为主流趋势，是市场营销发展的重要支撑。在这一融合趋势中，人工智能是大数据利用更有效、更有价值的基础。人工智能使大数据更有效主要表现在两个方面：一是目标客户的细分，二是内容的精准推送。后者是前者的最终表现。

第三，打造个性化营销。在人工智能的引入过程中，文案的撰写一方面凭借其智能化提升了写作效率，另一方面又在其帮助下，利用海量数据准确获知消费者需求，创造了更具个性化的营销内容，使得营销效果更佳。

3. 人工智能对社会的意义

人工智能机器人的发明和诞生将改变社会的层次结构，主要表现在以下三个方面。

第一，社会结构日趋简化。人工智能是社会发展和进步的重要因素，也是提高社会管理效率的重要驱动力。它采取公开公正的智能管理模式，使政府的社会管理能力更强和效率更高。人工智能在公共政务服务领域中的应用越来越广泛，如通过智慧政务服务自助终端机刷脸或身份认证，实时查询近 200 项审批事项的进度，办理社保、医疗、教育和养老等公共服务和便民服务事项，从根源上解决了限制人们的空间和时间问题，切实实现了让"数据多跑路、群众少跑腿"、让人性化的服务落到实处的目标。智慧政务一体化的出现简化了群众办事的步骤，极大地节约了群众的办事时间，真正实现了"简单事情简单办"的目标，同时也提升了政务服务中心人员的服务品质和形象。

第二，提升社会治理的水平。借助人工智能平台能够提高社会治理的水平，所以作为社会治理的主体管理者，人类要学会与人工智能相处，并适应不断变化的治理模式和管理结构。为了进一步提升社会治理的公平公正，让更多的人民群众参与进来，在社会治理过程中可以借助人工智能更快的数据计算能力为管理决策者提供更多的科学依据。与此同时，人工智能也促使了政府职能的转变，使得社会治理向智能化方向发展，推动政府公共服务面向全部人民群众。

第三，创新与改变社会关系。社会关系不仅是指人与人之间，还包括人与社会物质或社会环境之间的交流互动，以及获取资源、实现社会价值的过程。人工智能让人与人之间的交流不再依靠面对面或书信的方式，而是通过优化移动通信方式、各种社交媒体和虚拟网络等方式，为人类打造更加开放透明、更加信用安全的社交环境，满足了飞速发展下信息科技时代的人性化需要。

（二）微观层面

如今的人工智能，几乎已经无处不在，我们的生活方式、工作方式也随之发生着巨大的变化。

1.汽车领域的改变

谷歌无人驾驶汽车，代表着人工智能对于出行方式的终极改变，而在现阶段，传统能源汽车同样引入人工智能系统，使得驾驶方式有了明显变化。越来越多的汽车已经将"智能系统"作为卖点，不断引入芯片、传感器和软件等辅助加持产品。例如，新款奥迪A8就采用了矩阵式发光二极管（LED）前大灯，能根据周边环境使局部区域灯光变暗，避免了给对向车辆驾驶员造成炫目的问题，同时利用人工智能系统进行安全保障。

2.金融领域的改变

金融领域如今越来越受到民众的关注，人们的金融需求越来越大，如通过App进行信用贷款或投资理财等。支付宝、微信等都推出了相关金融业务，这让互联网金融的发展更加火热。与传统金融相比，互联网金融具有不受地域限制、完全线上办理等特点，因此对人工智能的需求更加强烈。借助人工智能，可对贷款人进行全方位的信用评估，这是整个贷款流程的关键。微信微粒贷等目前都已经和中国人民银行的征信系统与公安系统的身份系统相结合，用户不必上传烦琐的征信报告，利用人工智能技术就可以打通各个环节的信息流通。利用互联网系统，人工智能就能够实现在全网搜索贷款申请人的信用信息、债务状况等，甚至能够捕捉其微博等社交网站的信息。如果完全依靠人工智能筛选相关信息，形成"监督官"效应，互联网金融公司往往能够在几秒到十几分钟内完成对申请人信用状况的分析，并制作出维度图，判断是否可以放贷。传统金融公司要完成这些工作，则需要几天甚至十几天的时间。因此，人工智能在金融领域的应用优势明显。

3. 传统行业生产模式与供应链的改变

对于传统生产加工企业而言，供应链的改革迫在眉睫。传统统计方法往往对供需关系、工序流程存在预测误差，结果导致供过于求或供不应求的情形，供应链管理效率较低。日本多家企业曾经推出过车间自动化、准时化等举措，以便提高生产效率，加强供应链控制，尽管取得了一些效果，但并没有从根本上解决问题。因此，人工智能引入企业供应链管理越来越成为主流。有数据显示：中国某钢铁企业通过人工智能进行供应链改造后，采购资金节省了1亿元以上，3个月的市场销量预测准确率从75%提高到了85%以上。为什么会产生这样的效果？原因就在于利用人工智能技术不仅能分析企业本身的发展，还能通过大数据对整个行业的信息进行捕捉，包括供应商变化、市场需求变化等。对市场、供应链有了完整数据作为参考，那么生产方式必然会向"按需生产"转变，工人管理、生产方式也会相应地进行调整。"越智能，越精准"是人工智能对于传统行业的改变。

4. 医疗工作的改变

医疗领域也出现了人工智能的"身影"，甚至出现了"机器人医生"。医学是一门非常深奥的学科，每一名医生都必须掌握大量的知识。但是，人类的能力的，不可能读完相关领域的所有论文，也不可能记住人类可能患上的所有疾病，而"机器人医生"的出现改变了这一局面。它会通过深度学习，持续性地从大量的医学工具书、医学新闻中进行机器学习。"机器人医生"不会取代真实医生的工作，但是它能够通过病历，第一时间分析原因并提出"意见"，帮助医生进行判断，从而大大节省医疗机构的成本、提升效率、有效改善医患关系。这些智能设备可以随时监测人们的身体状况，成为人们的私人健康助手。下面从医学影像识别和医用人工智能机器人两方面介绍人工智能在医疗方面的应用。

第一，医学影像识别。医学影像的精准识别对医生的决策至关重要。可以说，医学影像识别是当前人工智能领域发展较快的方向之一，具有广阔的应用前景。在疾病诊断和治疗方面，影像诊断发挥着至关重要的作用。目前，智能影像诊断技术在很多疾病中的诊断准确率已经超过了临床医生。未来，我们可以依靠独立的智能影像诊断系统对医学影像和病理切片进行可靠诊断，这将大大节省医院影像科和病理科的人力成本，同时提高影像诊断和病理诊断的质量和效率。医疗影像是多模态数据，有一些比较常见的二维影像，如眼底皮肤癌影像或消化道的胃镜肠镜；还有一些三维影像，如计算机断层扫描（CT）或核磁共振成像通过切片扫描的方式，对人体进行上百次的扫描，最终生成完整的三维影像。

第二，医用人工智能机器人。在医院中，会见到很多医疗机器人，有专门为患者送餐、药的送餐机器人，也有为走廊进行消杀的消毒机器人，还有在医院门前检测体温的检测机器人，它们都为智慧医疗做出了贡献。以消毒机器人为例，消毒机器人采用消毒液喷洒技术对病区进行消毒，可达到手术室消毒级别标准，并可根据消毒对象的不同自动调整喷头。消毒机器人每天在病区完成的消毒杀菌工作，可以替代四个专业消杀人员的工作，它还可以对自身进行消毒，同时具备语音提醒、自动识别人群和避障等功能。

5.行为方式的改变

人工智能会改变人们的行为方式，而人们行为方式的改变主要有以下四个方面。

（1）改变劳动方式

目前，人工智能已在工业、农业及物流等领域被广泛应用，人工智能改变了过去传统的人力劳动生产方式，人工智能机器人代替了人类的体力劳动甚至部分脑力劳动，使生产、工作实现了自动化和智能化。

（2）改变生活方式

现在，人工智能已经渗透到人们生活中的各个方面，为人们的生活提供了便利。例如，手机的智能语音助手不仅能够自主订酒店，还能根据用户的使用习惯创建快捷指令。另外，利用人工智能的语音识别技术还能解决语言不通问题，如科大讯飞的翻译机不仅支持59种语言翻译，满足用户的不同需求，还能翻译国内多种方言，实现跨地区无障碍交流。

同样，各类人工智能私人助理系统也得到了有效发展。这些私人助理系统可以通过语音与设备进行"对话"，如开启家门、放热水等。私人助理系统会与智能家居产品相关联，并通过语音模式进行控制，甚至私人助理系统还会根据用户的需求，预测其行为，进行更加密切的交互。例如，小 A 每天六点半起床，先进行半个小时锻炼，之后吃早餐。某一天，私人助理系统发现小 A 并未按时起床，于是进行多次智能呼叫，六点四十五分时，小 A 依然没有反应，私人助理系统会立刻接通小 A 个人健康医生的电话。正如科幻片《钢铁侠》中所描绘的那样，人工智能会进一步增强人机交互体验，甚至根据用户的情绪进行场景调节，如发现用户进入家后面露疲惫，会主动播放舒缓的音乐，帮助其缓解压力。未来，个性化人工智能设备将在联网住宅"共存"，成为真正的"家庭管家"。

（3）改变交往方式

人工智能使得交通更加便利，交流更加快捷。在未来，借助智能交通工具，人们可以去以前因地理条件限制而无法到达的地方，行程时间也进一步缩短。智能翻译系统和智能手机等通信工具让人们可以突破时空的限制，实现实时沟通和交流。

（4）改变思考方式

人工智能会改变人们的思考方式，遇到不懂的问题可以利用搜索引擎进行查询，这使得人们对智能搜索引擎的依赖性有所提高，对资料、工具书的依赖程度也有所减少。人工智能也让人类的视觉、听觉等感官范围大为拓展，使得人们认识和感受到以前从未接触过的世界，这必然会导致人们传统的思维观念发生改变，推动思想的解放和进步。

6.教育的改变

人工智能给教育带来的变革主要体现为重塑教育流程，推动人才培养向更加多元化、更加精准化、更加个性化的方向发展。换句话说，就是人工智能对教育的精准化、个性化和智慧化。精准化，即人工智能能够帮助教师针对不同的学生选择不同的教学内容，采取不同的教学方式，做到因材施教；个性化，即人工智能能够利用大数据搜集和分析学生的学习数据，并向学生推荐定制化的学习方案，有效调动学生学习的积极性和促进学生的个性化发展；智慧化，即应用人工智能加持的各种智能设备，使教学坏节更加简单、便捷和智能，教师压力也能得到进一步释放。

第一，因材施教。尽管在我国已经有 2 000 多年因材施教教育方法的实践，但根据学生的认知水平、学习能力和自身素质来制订个性化学习方案并非易事。然而，当传统思想与尖端科技相结合时，因材施教的可行性得到了大幅提高。人工智能的介入可以更方便地构建和优化内容模型，建立知识图谱，使用户可以更容易、更准确地发现适合自己的内容。分级阅读平台是这方面的典型应用，该平台可以为用户推荐合适的阅读材料，并将阅读与教学联系在一起，文后带有小测验，并且可以生成相关阅读数据报告，使得教师可以随时掌握学生的阅读情况。

第二，智能测评。随着信息化建设和人工智能的发展，文字识别、语音识别、语义识别等核心技术不断突破，这使得规模化的自动批改和个性化反馈走向现实。利用人工智能减轻教师批改作业的压力，实现规模化又个性化的作业反馈，是未来教育的重要攻克方向，也是国内外众多企业瞄准的市场。学生在智能测评系统中可以进行个性化学习，系统会根据学生的需要推送相关学习内容，在学生学习完之后，还可以进行相关内容的测试，并且还可以自动测评打分、给出章节学习建议。这种定制化的学习模式不但减少了教师的工作量，而且提高了学生的学习积极性。

以上这些，仅仅只是人工智能对于人类生活方式、工作方式和各个应用领域改变的某个切面，还有更多的产业会因为人工智能的出现而发生巨大改变。正如第三届世界互联网大会上，印度图灵奖获得者、世界著名人工智能专家雷伊·雷蒂（Raj Reddy）所言："可以预见，在未来三十年内，将会实现人工智能的高度普及。"当人工智能照进现实，生活方式会更加多元，工作方式也会越来越充满科技感。

第二章　人工智能发展历程、现状与趋势

　　"人工智能"这一概念是在 20 世纪 50 年代被提出来的。当时，科学家们开始探索如何模拟和复制人类智能的思维和行为，然而由于计算能力和数据量的限制，人工智能发展缓慢。直到最近几年，以大数据、云计算和机器学习为代表的技术突破，为人工智能的快速发展奠定了基础，也让人工智能取得了令人惊叹的进展。本章围绕人工智能的发展历程、人工智能的发展现状及人工智能的发展趋势展开研究。

第一节　人工智能的发展历程

　　随着数据量的大增和移动终端等生态系统的建立，近几年人工智能产业的发展无比迅猛，资本也随之大量聚集。回顾几十年来人工智能的几次大起大落，我们可以发现每次人工智能的高潮都是一个旧哲学思想的技术再包装，而每一次的衰败都是源自高潮时期的承诺不能兑现。

　　长期以来，制造具有智能的机器一直是人类的梦想，早在千百年前，中国人就用智慧制造出了有用的机器。例如，3 000 多年前，偃师为周穆王制作了能歌善舞的柳艺伶；1 800 多年前，诸葛亮发明了不借用人力就可运输 10 万大军粮草的木牛流马；1 300 多年前，唐朝的马待封为皇后专门打造了一个可以梳妆打扮的自动梳妆台。

　　随着工业革命的到来，古代木器工具逐渐被电器设备代替，电器设备的工作效率虽然较高，但是远未达到"智能"的程度。20 世纪 50 年代，计算机的出现让"智能机器"成为一种可能。

　　如今，计算机产生的庞大数据量已远远超出人类可以吸收、解释并据此做出复杂决策的能力范围。目前，智能手机和智能音响等各种智能设备已经深入人们的日常生活中，极大地改变了社会生产和人们的生活方式。未来，人工智能的发展必然会在新的领域影响人们的生活。

回顾人工智能的发展史，我们可以看到其发展并非一帆风顺，而是经历了20世纪50年代至60年代及80年代的浪潮期，以及70年代至80年代的沉寂期，最终在21世纪初迎来了发展的黄金时期。自1956年以来，人工智能的发展历程大致可以划分为以下六个阶段。

一、起步发展期：20 世纪 50 年代至 60 年代初期

1950 年，计算机科学之父艾伦·麦席森·图灵（Alan Mathison Turing）发表了一篇名为《计算机器与智能》的文章，指出了定义智能的困难所在。他提出，能像人类一样进行交谈和思考的计算机是有望被制造出来的。至少在非正式会话中，人与计算机是难以区分的。因此，能否与人类无差别交谈这一评价标准便成了后来的图灵测试。

那么，图灵测试究竟是一种怎样的测试呢？假设有两间密闭的屋子，其中一间屋子里面有一个人，另一间屋子里面放了一台计算机——进行图灵测试的人工智能程序。屋子外面有一个人作为测试者，测试者只能通过一根导线与屋子里面的人或计算机进行联网聊天。假如测试者在有限的时间内无法判断出这两间屋子里面哪一间里是人、哪一间里是计算机，那么就称屋子里面的人工智能程序通过了图灵测试，并具备了智能。

事实上，图灵当年在论文中设立的标准相当宽泛：只要有30％的人类测试者在5分钟内无法分辨出被测试对象，就可以认为程序通过了图灵测试。虽然图灵测试的科学性曾受到过质疑，但是在过去的数十年，它一直被广泛地认为是测试机器智能的重要标准，也对人工智能的发展产生了极为深远的影响。

图灵既没有讲计算机怎样才能获得智能，也没有提出如何解决复杂问题的智能方法，只是提出了一个验证机器有无智能的判别方法。后来，计算机科学家对此进行了补充，如果计算机实现了下面几件事情中的一件，就可以认为它有图灵所说的那种智能：语音识别、机器翻译、文本的自动摘要或写作、战胜人类的国际象棋冠军、自动回答问题。

如今，计算机已经做到了上述的这几件事情，甚至还超额完成了任务，如战胜人类围棋冠军的难度比战胜人类国际象棋冠军的难度要高出 6～8 个数量级。当然，人类走到这一步并非一帆风顺，而是走了几十年的弯路。

在取得这些成果不久之后，计算机就开始被应用于第一批人工智能实验，当时所用的计算机体积小且速度慢。曼彻斯特马克一号以小规模实验机为原型，存储器仅有 640 字节，时钟速度 55 赫兹。相比之下，现代台式计算机的存储器可

达 40 亿字节，时钟速度 30 亿赫兹，这就意味着必须谨慎挑选，然后利用它们来解决研究的问题。在第一个 10 年里，人工智能项目涉及的都是基本应用，这也成了后续探索研究的基础。

1951 年夏天，正在普林斯顿大学数学系攻读博士学位的明斯基和迪恩·爱德蒙（Dean Edmunds）建立了随机神经网络模拟加固计算器。这是人类打造的第一个人工神经网络，用了 3 000 个真空管来模拟 40 个神经元规模的网络。这项开创性工作为人工智能的发展奠定了坚实的基础。

1952 年，人工智能领域的先驱亚瑟·塞缪尔（Arthur Samuel）编写了第一个版本的跳棋程序和第一个具有学习能力的计算机程序。这项工作的重要意义在于，人们将这些程序视为合理人工智能技术的研究和应用的早期模型。塞缪尔的工作代表了在机器学习领域最早的研究。塞缪尔曾思考使用神经网络方法学习博弈的可能性，但是最后决定采用更有组织、更结构化的网络方式进行学习。

1956 年，西蒙和纽厄尔一起开发出了"逻辑理论家"，这是世界上第一个人工智能程序，有力证明了剑桥大学教授怀特海（Whitehead）和他的学生罗素（Russell）在《数学原理》一书第二章列出的 52 个定理中的 38 个定理，甚至还找到了比教科书中更优美的证明。这项工作开创了一种日后被广泛应用的方法——搜索推理。

在数学大师们铺平了理论道路、工程师们踏平了技术坎坷、计算机已呱呱落地的时候，人工智能终于横空出世了。然而，这一历史性时刻却是从一次不起眼的会议中到来的。

1955 年夏天，图灵奖得主约翰·麦卡锡（John McCarthy）到 IBM 进行学术访问时，遇见 IBM 第一代通用机 701 的主设计师纳撒尼尔·罗切斯特（Nathaniel Rochester）。罗切斯特对神经网络非常感兴趣，于是二人决定于 1956 年的夏天在达特茅斯学院举办一次活动。他们二人说服了美国数学家、信息论的创始人克劳德·艾尔伍德·香农（Claude Elwood Shannon）和当时在哈佛大学做初级研究员的明斯基，于 1955 年 8 月 31 日给洛克菲勒基金会写了一份项目建议书，希望能够得到资助。麦卡锡给这个活动起了一个当时看起来别出心裁的名字——人工智能夏季研讨会。

麦卡锡和明斯基向洛克菲勒基金会提交的项目建议书里罗列了他们计划研究的七大领域：自动（可编程）计算机、编程语言、神经网络、计算规模的理论（即计算复杂性）、自我改进（即机器学习）、抽象、随机性和创见性。麦卡锡的初始预算是 13 500 美元，但洛克菲勒基金会只批准了 7 500 美元。

"逻辑理论家"发布于 1956 年，以 5 个公理为出发点推导定理，以此来证明数学定理。这类问题就如同迷宫，假定自己朝着出口的方向走就是最好的路线，但实际上却并不能成功，这也正是"逻辑理论家"难以解决复杂问题的原因所在。它选择看起来最接近目标的方程式，丢弃了那些看起来偏题的方程式。然而，被丢弃的可能才是最需要的。

同样在 1956 年，麦卡锡、明斯基、罗切斯特及香农在新罕布什尔州汉诺威镇的达特茅斯学院制订了达特茅斯夏季人工智能研究计划。

1956 年 6 月 18 日到 8 月 17 日，达特茅斯会议召开，这是人工智能史上最重要的里程碑。与会者有麦卡锡、明斯基、香农、纽厄尔、西蒙、塞缪尔、亚历克斯·伯恩斯坦（Alex Berstein）、特伦查德·摩尔（Trenchard More），以及一位被后人忽视的"先知"——通用概率分布之父雷·所罗门诺夫（Ray Solomonoff）。他们讨论了一个非常重要的主题，即用机器来模仿人类学习及其他方面的智能。在会议中，给所有人留下深刻印象的是纽厄尔和西蒙的报告，他们公布了"逻辑理论家"是当时唯一可以工作的人工智能软件，这引起了与会代表的极大关注。

会议足足开了两个月的时间，虽然最终大家并没有达成共识，但是却为会议讨论的内容起了一个名字——人工智能。这次历史性会议正式宣告了人工智能作为一门学科的诞生，并开启了人工智能之后十几年的黄金时期。因此，1956 年也就被称为人工智能元年。

1958 年，麦卡锡开发出列表处理语言（LISP），这是一种人工智能程序设计语言，它可以更方便地处理符号，为人工智能研究提供了有力工具。与大多数人工智能编程语言不同，LISP 在解决特定问题时更加高效，因为它满足了开发人员编写解决方案的需求，非常适合于归纳逻辑项目和机器学习。

1959 年，塞缪尔已经为其跳棋程序提出了比"逻辑理论家"更加务实的方法。跳棋程序涉及了一套处理体系，与 10 多年后的遗传算法十分类似。该程序将与自身进行一系列游戏，并在此过程中不断学习如何给每一个棋盘位置评分，通过比较不同位置的得分确定推荐玩法，以此来避免错误移动，并选择最佳走法。

同期，美国科学家乔治·德沃尔（George Devol）与约瑟夫·英格伯格（Joseph Engelberger）研发出了首台工业机器人——Unimate。英格伯格负责设计机器人的"手""脚""身体"，即机器人的机械部分和完成操作部分；德沃尔负责设计机器人的"头脑""神经系统""肌肉系统"，即机器人的控制装置和驱动装置。该机器人借助计算机读取存储程序和信息，发出指令控制一台多自由度的机械，但它对外界环境却没有感知。

达特茅斯会议确立了"人工智能"这一术语，又陆续出现了跳棋程序、感知神经网络软件和聊天软件等，并用机器证明的办法证明和推理了一些定理，相继取得了一批令人瞩目的研究成果，引起人工智能发展的第一个高潮。

二、反思发展期：20 世纪 60 年代至 70 年代初

1961 年，美国数学家詹姆斯·斯拉格（James Slagle）编写了符号自动积分程序，该程序能够解决微积分问题。尽管它关注的是微积分这一晦涩难懂的领域，但其实是解决搜索问题的另一种尝试，其工作原理不是探索所有可能的解决方案，而是将问题分解为更容易解决的不同部分。

1963 年 7 月 1 日，美国国防高级研究计划局拨款 200 万美元给麻省理工学院，开启人工智能项目——数学和计算（MAC），主要研究计算机分时操作技术。不久，当时非常著名的人工智能科学家明斯基和麦卡锡加入这一项目，并推动了在视觉和语言理解等领域的一系列研究。MAC 项目培养了一大批计算机科学和人工智能人才，对这一领域的发展产生了非常深远的影响。这一项目也是现在赫赫有名的麻省理工学院计算机科学与人工智能实验室的前身。在巨大的热情和投资的驱动下，一系列新成果在这一时期应运而生。

1964 年，美国博士研究生丹尼尔·鲍博罗（Danny Bobrow）证明了计算机通过编程能够深度理解自然语言（这里指英语），并计算简单的代数方程。

1965 年，费根鲍姆和诺贝尔生理学或医学奖得主乔舒亚·莱德伯格（Joshua Lederberg）等人合作，开发出了世界上第一个专家系统程序——Dendral，它保存着化学家的知识和质谱仪的知识，并可以根据给定的有机化合物的分子式和质谱图，从几千种可能的分子结构中挑选出一个正确的分子结构。

Dendral 的成功不仅验证了费根鲍姆关于知识工程理论的正确性，还为专家系统软件的发展和应用开辟了道路，逐渐形成了具有相当规模的市场，其应用遍及各个领域、各个部门。因此，Dendral 的成功被认为是人工智能研究的一次历史性突破。费根鲍姆领导的研究小组后来又为医学、工程和国防等部门研制成功了一系列实用的专家系统，其中医学专家系统方面的成果最为突出。

1966 年，麻省理工学院的教授约瑟夫·魏泽鲍姆（Joseph Weizenbaum）研发出人工智能历史上最为著名的自然语言处理软件——伊莉莎（Eliza），这也是世界上第一台真正意义上的聊天机器人。魏泽鲍姆把程序命名为伊莉莎，灵感来

自英国著名戏剧家萧伯纳的戏剧《偶像》中的角色，它能够使计算机与人用英语交流。伊莉莎通过简单的模式匹配和对话规则与人聊天。虽然从今天的眼光来看这一对话程序显得有些简陋，但当它第一次出现在世人面前时，确实令人惊叹。在自然语言理解技术尚未真正取得突破性进展时，这是一个令人费解的现象。

1966 年，首届机器智能研讨会在英国爱丁堡成功举行，这也是一系列年度会议的开端。然而，就在同一年，一篇诋毁机器翻译的报告极大地削减了接下来几年间自然语言研究的资金支持。人工智能领域本该有快速的进步，但实际发展却总比支持者们预想的要缓慢得多。后来的 DENDRAL 系统能够帮助化学家从质谱学（一种化学分析技术，通过衡量物质加热时发出的光来判断样本中所含化学物质的数量和种类）角度分析数据，以辨别单体化合物。

1968 年，麻省理工学院的一名程序员理查德·格林布莱特（Richard Green-blatt）编写了一套程序，该程序的国际象棋水平足以拿到锦标赛 C 类评级，与象棋协会的会员水平不相上下。

1968 年，美国斯坦福研究院的查尔斯·罗森（Charles Rosen）研发出了世界上首台移动智能机器人 Shakey。它可感知周围环境，根据明晰的事实来推断隐藏含义，创建路线规划，同时在执行计划过程中修复错误，而且能够运用英语与人进行沟通。Shakey 的软件架构、计算机图形、导航方式、开创性的路线规划都为机器人的发展带来了深远的影响，并且已经融入网页服务器、汽车、工业、视频游戏和火星登陆器等设计中。2017 年 2 月 16 日，Shakey 在电气工程和计算机科学项目中获得了 IEEE 里程碑奖项。这一奖项是颁发给在电气工程和计算机科学领域中，自开发后历经 25 年仍被公认为对社会及产业发展有巨大贡献，能够造福人类的重要发明、重要事件等。

1969 年，首届国际人工智能联合会议在加利福尼亚州的斯坦福大学召开。同年，两名麻省理工教授明斯基和派珀特出版了《感知器》一书，指出了前人关于人工智能未曾发现的一些缺陷和不足，这可能也是之后一段时间内人工智能研究锐减的原因之一。

1971 年，美国麻省理工学院的学生特里·威诺格拉德（Terry Winograd）在其博士论文中提出了 SHRDLU 系统，该系统能够利用虚拟机械臂移动虚拟积木，然后接收英语指令并做出类似回答。它会设计一套方案来实现目标。

人工智能发展初期的突破性进展大大提升了人们对人工智能的期望，人们开始尝试更具挑战性的任务，并提出了一些不切实际的研发目标。然而，接二连三的失败和预期目标的落空（如无法用机器证明两个连续函数之和还是连续函数、机器翻译闹出笑话等）使人工智能的发展走入低谷，人工智能进入第一次寒冬。

三、应用发展期：20 世纪 70 年代初期至 80 年代中期

进入 20 世纪 70 年代，许多国家认识到了人工智能研究的重要性，并大力支持人工智能方面的研究，因此在这一时期涌现出了大量的研究成果。

例如，1972 年，法国马赛大学的教授科麦瑞尔（Comerauer）提出并实现了逻辑程序设计语言 PROLOG 等。在早期简单实例问题上的成功让研究者们受到了极大的鼓舞，但是将其用于更宽的问题和更难的问题选择时，结果非常失败。当时人们经过认真的反思，总结研究的经验和教训后，在面对更困难的问题时便将知识融入人工智能中，并取得了良好的效果。

1977 年，费根鲍姆在第五届国际人工智能联合会议上提出了"知识工程"的概念，对以知识为基础的智能系统的研究与建造起到了重要的作用。大多数人接受了以知识为中心展开人工智能研究的观点，人工智能的研究从此又迎来了蓬勃发展的以知识为中心的新时期。这个时期也被称为"知识应用时期"。在此时期，专家系统的研究在多个领域中取得了重大突破，各种不同功能、不同类型的专家系统如雨后春笋般地建立起来，并且产生了巨大的经济效益及社会效益。例如，地矿勘探专家系统 PROSPECTOR 拥有 15 种矿藏知识，能根据岩石标本及地质勘探数据对矿藏资源进行估计，应用该系统成功地找到了超亿美元的钼矿等。

专家系统的成功使人们越来越清楚地认识到知识是智能的基础，对人工智能的研究必须以知识为中心来进行。在这个时期，对知识的表示、利用及获取等的研究取得了较大的进展，特别是对不确定性知识的表示与推理取得了突破，建立了主观的贝叶斯理论、确定性理论、证据理论等，为人工智能中模式识别、自然语言理解等领域的发展提供了支持，以及解决了许多理论及技术上的问题。

1972 年，世界上第一个全尺寸人形"智能"机器人——WABOT-1 在日本早稻田大学诞生。该机器人身高约 2 米，重 160 千克，包括肢体控制系统、视觉系统和对话系统，有两只手、两条腿，胸部装有两个摄像头，全身共有 26 个关节，手部还装有触觉传感器。它不仅能够对话，还能在视觉系统的引导下在室内走动和抓取物体。

1973 年，爱丁堡大学装配机器人小组开发的一个非语言机器人弗雷迪（Freddy）吸引了人们的目光。它拥有双目视觉，能够辨识模型的不同部分再将其重新组装成完整模型。然而，1973 年的《莱特希尔报告》却否定了英国的人工智能研究进程，因此造成政府资助的锐减。

1974 年，哈佛大学的一名美国博士生保罗·沃伯斯（Paul Werbos）引入了一种可以使人工神经网络自主学习的新途径。这一技术在 20 世纪 80 年代中期被广泛运用，从此结束了自 1969 年起人工智能技术荒废的日子。

1978 年，卡内基梅隆大学的约翰·麦克德莫特（John McDermott）为数据设备公司研发出了一套名为 XCON 的专家系统。该系统运用计算机系统配置的知识，依据用户的订货情况，选出最合适的系统部件，如中央处理器（CPU）的型号、操作系统的种类及与系统相应的型号、存储器和外部设备及电缆型号。它可以帮助数据设备公司每年节约 4 000 万美元左右的费用，特别是在决策方面能提供有价值的内容，从而成为专家系统时代最成功的案例。XCON 的巨大商业价值极大地激发了工业界对人工智能尤其是专家系统的热情。

值得一提的是，专家系统的成功也逐步改变了人工智能发展的方向。科学家们开始专注于通过智能系统来解决具体领域的实际问题，尽管这和他们建立通用智能的初衷并不完全一致。

与此同时，人工神经网络的研究也取得了重要进展。1982 年 4 月，霍普菲尔德在《美国国家科学院院报》发表了题为《具有突发性集体计算能力的神经网络和物理系统》的学术论文，提出了一种具有联想记忆能力的新型神经网络，后人将其称为"霍普菲尔德网络"。霍普菲尔德网络属于反馈神经网络类型，这是神经网络发展历史上的一个重要里程碑。

1979 年，卡内基梅隆大学移动机器人实验室主任汉斯·莫拉维克（Hans Moravec）制成了"斯坦福车"，这是历史上首台无人驾驶汽车，它能够穿过设有障碍物的房间，也能够环绕人工智能实验室行驶。

1986 年，德国慕尼黑联邦国防军大学的教授恩斯特·迪克曼斯（Ernst Dickmanns）团队制成了能在空旷马路上以 90 千米每小时的速度行驶的无人驾驶汽车。

20 世纪 70 年代出现的专家系统模拟人类专家的知识和经验解决特定领域的问题，实现了人工智能从理论研究走向实际应用、从一般推理策略探讨转向运用专门知识的重大突破。专家系统在医疗、化学、地质等领域取得成功，推动了人工智能进入应用发展的新高潮。

四、低迷发展期：20 世纪 80 年代中期至 90 年代中期

1986 年 10 月，认知学家大卫·鲁姆哈特（David Rumelhart）、"深度学习"之父辛顿和同事罗纳德·威廉姆斯（Ronald Williams）在著名学术期刊《自然》

上联合发表了题为《通过反向传播算法的学习表征》的学术论文。论文首次系统简洁地阐述了反向传播算法在神经网络模型上的应用，该算法把网络权值纠错的运算量，从原来的与神经元数目的平方成正比，下降到只与神经元数目本身成正比。从此，反向传播算法广泛用于人工神经网络的训练。

1989 年，贝尔实验室的研究员燕乐存（Yann LeCun）等验证了一个反向传播在现实世界中的杰出应用，即"反向传播应用于手写邮编识别"系统。简单来说，即这个系统可以精准地识别手写的各种数字。尽管算法可以成功执行，但是计算代价巨大，而且受到当时硬件设备性能的限制，训练神经网络花费了三天左右的时间。

1991 年，海湾战争期间，动态分析和重规划工具（DART）程序被用于计划战区的资源配置。据说，鉴于该系统发挥的重要作用，美国政府国防高等研究计划署过去 30 年间对人工智能研究的所有投资已经全部收回。

1994 年，两辆载有人类司机和乘客的机器人汽车安全地在繁忙的巴黎街头行驶了超过 1 000 千米，随后又从慕尼黑开到了哥本哈根。人类驾驶员负责完成超车等操作，并在道路施工等棘手的情况下完全接管控制。在同一年，计算机程序奇努克（Chinook）击败了人类国际跳棋世界冠军马里恩·廷斯利（Marion Tinsley）。

随着人工智能的应用规模不断扩大，专家系统存在的应用领域狭窄、缺乏常识性知识、知识获取困难、推理方法单一、缺乏分布式功能、难以与现有数据库兼容等问题逐渐暴露出来。人工智能进入第二次寒冬。

五、稳步发展期：20 世纪 90 年代中期至 2010 年

1997 年 5 月，"深蓝"击败了国际象棋冠军加里·卡斯帕罗夫；迈克尔·布洛（Michael Buro）编写的 Logistello 以 6：0 击败了世界黑白棋冠军村上健。

1998 年，老虎电子公司推出了第一款用于家庭环境的人工智能玩具——菲比精灵（Furby）。一年后，索尼公司推出了电子宠物狗 AIBO。

2000 年，麻省理工学院的教授辛西娅·布雷齐尔（Cynthia Breazeal）开发了世界上第一个具有人类表情和交流能力的机器人——Kismet。

2002 年，美国 iRobot 公司推出了智能真空吸尘器 Roomba。

2004 年，美国国家航空航天局（NASA）探测车"勇气号"和"机遇号"在火星着陆。由于无线电信号的长时延迟，两辆探测车必须根据地球传来的一般性指令进行自主操作。

2005 年，追踪网络和媒体活动的科学技术已经开始支持公司向消费者推荐他们可能感兴趣的产品。

2006 年 7 月 28 日，辛顿和他的学生鲁斯兰·萨拉克霍特迪诺夫（Ruslan Salakhutdinov）在《科学》杂志上发表了题为《用神经网络实现数据的降维》的论文，这篇论文提出了通过最小化函数集对训练集数据的重构误差，自适应地编解码训练数据的算法——深度自动编码器，作为非线性降维方法在图像和文本降维实验中明显优于传统方法，证明了深度学习方法的正确性。这篇论文与辛顿在《神经计算》上发表的另一篇论文《基于深度置信网络的快速学习算法》，引起了整个学术界对深度学习的关注，随后才有了近十年来深度学习研究的突飞猛进。

这一系列让世人震惊的成就再次让全世界对人工智能充满热情。世界各国政府和商业机构都纷纷把人工智能列为未来发展战略的重要部分。

网络技术特别是互联网技术的发展，加速了人工智能的创新研究，促使人工智能技术进一步走向实用化。

六、蓬勃发展期：2011 年至今

随着大数据、云计算、互联网、物联网等信息技术的发展，泛在感知数据和图形处理器（CPU）等计算平台推动了以深度神经网络为代表的人工智能技术的飞速发展，大幅跨越了科学与应用之间的"技术鸿沟"，如图像分类、语音识别、知识问答、无人驾驶等人工智能技术实现了从"不能用、不好用"到"可以用"的技术突破。同时，这一轮人工智能发展的影响已经不仅仅局限于学界，政府、企业等都开始拥抱人工智能技术。

2011 年 1 月 14 日，IBM 开发的人工智能程序"沃森"在美国著名智力竞赛节目《危险边缘》上，击败两名人类选手而夺冠。"沃森"存储了 2 亿页数据，能够将与问题相关的关键词从看似相关的答案中抽取出来。这一人工智能程序已被 IBM 广泛应用于医疗诊断领域。

2013 年 4 月 2 日—4 日，微软在旧金山举办 BUILD 开发者大会，发布了全球首款跨平台智能个人助理——微软小娜。它会记录用户的行为和使用习惯，会利用云计算、搜索引擎和"非结构化数据"分析、读取和"学习"文本文件、电子邮件、图片、视频等数据，从而理解用户的语义和语境，实现人机交互。

2016 年 3 月 9 日—15 日，AlphaGo 挑战世界围棋冠军李世石的围棋人机大战在韩国首尔举行。比赛采用中国围棋规则，最终 AlphaGo 以 4∶1 的总比分取得了胜利。2017 年 5 月 23 日—27 日，在中国乌镇围棋峰会上，AlphaGo 以 3∶0

的总比分战胜排名世界第一的世界围棋冠军柯洁。

2017 年 10 月 18 日，DeepMind 团队在《科学》杂志上发表了题为《不需要人类知识就称霸围棋》的论文，提出了一种新的算法——Alpha Go Zero，它以 100 : 0 的惊人成绩打败了 AlphaGo。更令人难以置信的是，它从零开始通过自我博弈，逐渐学会了打败自己之前的策略。至此，开发一个超级 A 不再需要依赖人类专家的游戏数据库了。

2017 年 12 月 5 日，DeepMind 团队又发表了另一篇论文《通过一种通用的强化学习算法称霸国际象棋和日本象棋》，宣布已经开发出一种更为广泛的 AlphaZero 系统，可以训练自己在棋盘、将棋和其他规则化游戏中拥有"超人"技能，所有这些都在一天之内完成，无须其他干预，并且战绩斐然：4 小时成为世界级的国际象棋冠军；2 小时在将棋上达到世界级水平；8 小时战胜 DeepMind 引以为傲的围棋选手 Alpha Go Zero。就这样，AlphaZero 华丽地诞生了——它无须储备任何人类棋谱，就可以以通用算法完成快速自我升级。

2018 年 2 月 1 日，麻省理工学院启动智能探索计划，旨在研究人类智能、理解智能本质、发展技术工具、造福人类社会。该计划提出了两个问题：从工程上来说，人类智能是如何工作的？如何利用对人类智能的理解，来构建更智能的机器？智能探索计划主要包含两大项目：①核心项目，即推动人类和机器智能在科学和工程上共同发展，发展机器学习算法；②桥项目，即将自然智能和人工智能领域的研究应用于所有学科，并集聚全世界的最先进工具，为研究社群提供多样资源，包括智能技术、平台和基础设施（教导学生、教师和员工如何使用人工智能工具）、丰富而独特的数据集、技术支持、专用硬件等。

2018 年 5 月 8 日，谷歌首席执行官（CEO）桑达尔·皮查伊（Sundar Pichai）在开发者大会上发布了谷歌人工智能专用芯片——张量处理器 TPU3.0，演示了谷歌语音助手自动拨打电话的功能，宣布了谷歌语音助手的 12 项新特性：同步联网智能家居设备、发送每日信息、帮助记忆、搜索上传过的谷歌照片、日程、截图与分享、播客、语音文字输入、搜索栏、谷歌语音输入、快捷方式、谷歌快递购物列表。

2018 年 12 月 7 日，DeepMind 团队在《科学》杂志上发表了题为《一种可自学成为国际象棋、将棋、围棋大师的通用强化学习算法》的封面论文，公布了通用算法 AlphaZero 和测试数据。该论文由 DeepMind 创始人兼 CEO 戴密斯·哈萨比斯（Demis Hassabis）亲自执笔。《科学》杂志评价称："AlphaZero 能够解决多个复杂问题的单一算法，是创建通用机器学习系统、解决实际问题的重要一步。"

2019 年，OpenAI 发布 GPT-2 模型，该模型能够生成高质量的文本，引发了关于使用这种技术可能造成的虚假信息扩散和滥用的担忧。人工智能的发展引发了更多关于伦理问题的讨论，包括算法的偏见、决策过程的透明度、自动化取代人类工作的社会影响等。许多组织和研究机构开始关注和研究人工智能的伦理和社会责任问题。

2020 年，人工智能学术研究领域涌现出了许多重要的进展，其中有一些值得关注的方面。自监督学习在计算机视觉和自然语言处理等领域取得了突破性进展。

2021 年，DeepMind 团队通过 AlphaFold 算法在蛋白质结构预测挑战（CASP）中取得了重大突破。AlphaFold 利用深度学习技术，能够准确地预测蛋白质的三维结构，有助于解决生物学和药物研究中的许多重要问题。

2022 年，人工智能研究在学术、产业、资本市场、政策及趋势预测五个方面取得了进展。学术方面，强化学习领域发文量持续高涨，词频对抗训练、元学习、多任务学习论文量占比较高，神经辐射场方法开始受到广泛关注；产业方面，人工智能在医疗、金融等行业的应用不断深入；资本市场方面，人工智能行业的投资热度有所下降；政策方面，国家出台了一系列支持人工智能发展的政策；趋势预测方面，人工智能应用将在各个行业普及，并且将改变网络安全的游戏规则。

当前，人工智能已成为国际竞争的新焦点，是引领未来的战略性技术，蕴含着取得重大突破性进展的机会，需要系统的超前研发布局，因此应大力加强人才培养。我们必须把握这个历史机遇，引领发展潮流，培育人工智能创新中心。人工智能研究是一个跨学科的系统工程，在多学科的交叉融合中，孕育着前所未有的机遇。

第二节　人工智能的发展现状

一、人工智能发展的基本概述

20 世纪 40 年代中期，图灵在他的论文《计算机器与智能》中提出了著名的"图灵测试"——如果一台机器能够通过电传通信设备与人展开对话，并且被人误以为它也是人，那么就认为这台机器具备智能。1956 年，达特茅斯会议正式确立"人工智能"这一概念。

人工智能的发展几经波折。直到 21 世纪初，尤其是 2012 年以来，社会化媒体应用、移动互联网、大数据、云计算等技术的广泛应用构成了互联网在智能领域发展的基础。数据的可用性、连接性和计算能力的提高，使机器学习取得了突破性的成就，投资数量的增加及人工智能技术前景的乐观、人工智能及其附属技术的落地应用，极大地改变了社会形态与社会生活。

（一）人工智能市场规模和投融资数量

国外人工智能领域融资在 2017 年迎来全面发展。对于全球人工智能和机器学习的初创企业而言，真正的资金跃升发生在 2016—2018 年。那时，风险投资者将"人工智能"视为一个时尚的词汇，人工智能市场的商业化规模在经历了一个爆发性增长之后进入了持续平稳发展的阶段，融资总额和投资频次保持在了一个较为稳定的水平。

各大科技巨头通过投资与收购不断提高自己在人工智能领域的市场占比。但是，这些投资巨头的投资偏好也不尽相同。例如，微软关注的主要领域是基础元件及硬件；苹果涉足领域较为广泛，从基础元件及硬件、企业服务、无人驾驶、教育到金融领域均有涉足；IBM 关注的重点是医疗和教育；谷歌的投资重点是企业服务和教育等。与中国科技巨头相比，美国科技巨头参与人工智能技术市场以收购为主，而非通过自主投资初创企业。

纵观国内科技巨头的投资情况，阿里巴巴的投资重点是安全防护和基础元件；腾讯投资的重点是智能健康、教育、智能汽车等领域；百度投资的重点是汽车、零售和智能家居等领域；京东的投资聚焦在汽车、金融和智能家居等领域。除了财力方面的支持，周边技术（如算法、数据和计算力）的发力也是人工智能技术得以快速发展的重要原因。

（二）人工智能发展技术的再细分

人工智能技术中的代表应用技术主要包括虚拟现实／增强现实技术、识别交互技术、自然语言处理分析技术等。

虚拟现实技术早期被译为"灵境技术"。虚拟现实是多媒体技术的终极应用形式，是计算机软硬件技术、传感技术、机器人技术、人工智能及行为心理学等科学领域飞速发展的结晶。它主要依赖于三维实时图形显示、三维定位跟踪、触觉及嗅觉传感技术、人工智能技术、高速计算与并行计算技术，以及人的行为学研究等多项关键技术的发展。随着虚拟现实技术的发展，虚拟现实的真正实现将引起整个人类生活与发展的巨大变革。人们戴上立体眼镜、数据手套等特制的传感设备，面对一种三维的模拟现实，似乎置身于一个具有三维的视觉、听觉、触觉甚至嗅觉的感觉世界，并且人与这个环境可以通过人的自然技能和相应的设施进行信息交互。

增强现实技术则是在虚拟现实技术走向成熟之后才出现的，准确来说，增强现实技术可以被看作是虚拟现实技术发展的一个新阶段。20世纪90年代初期，波音公司的汤姆·考德尔（Tom Caudell）和他的同事在他们设计的一个辅助布线系统中提出了"增强现实"一词。增强现实技术将真实世界与虚拟世界无缝衔接起来，从此现实与虚拟的界限不再分明。

除此之外，作为虚拟现实与增强现实技术相结合而诞生的混合现实（MR）也有关注的必要。作为虚拟现实技术的进一步发展，混合现实通过在虚拟的环境中引入与现实场景有关的信息，通过在用户、虚拟世界与现实世界之间搭建起一个可以互相交互反馈的信息回路来增强用户在使用中的真实感，以及满足用户对于真实与虚拟交织的需求。

识别交互技术可以分为语音识别技术、眼动追踪技术、仿生隐形眼镜技术及人机交互技术。

自然语言处理分析技术大致可分为浅层分析和深层处理两个层面。浅层分析包括分词和词性标注，这两种技术只需要对句子的局部范围进行分析与处理，目前已基本成熟。深层处理则需要对于目标句子进行全局分析，主要包括句法、语义和通用三个层次。目前，自然语言处理分析技术可以做到以下四点。

①中英文混合分词功能，即自动对中英文信息进行分词与词性标注，涵盖了中文分词、英文分词、词性标注、未登录词识别与用户词典等功能。

②关键词提取功能，即采用交叉信息熵的算法自动计算关键词（包括新词与已知词），通过关键词方便搜索、分类、推荐，同时也可以自动生产文章摘要。

③新词识别与自适应分词功能，即从较长的文本内容中，基于信息交叉熵自动发现新特征语言，并自适应测试语料的语言概率分布模型，实现自适应分词。

④用户专业词典功能，既可以单条，也可以批量导入用户词典。

（三）人工智能的发展现状举例分析

1.人工智能在美国的发展现状

美国是人工智能的起源地，在理论技术、行业应用等方面均位于世界前列，其在发展模式、产业布局等方面对中国人工智能的发展很有借鉴意义。

（1）企业数量

从综合累计企业数量占比来看，综合排名前三的国家分别是美国、中国和英国，美国累计企业数量占世界累计企业数量的比重，相当于排名第二位到第四位的三国之和。

（2）融资规模

从综合累计融资规模占比来看，综合排名前三的国家分别是美国、中国和英国，美国累计融资额相当于排名第二位到第四位的三国之和。

（3）融资频次

从综合累计融资频次占比看，综合排名前三的国家分别是中国、美国和印度。

（4）专利数量

从综合累计专利数量占比来看，综合排名前三的国家分别是中国、美国和日本。

（5）科研能力

通常衡量每个国家人工智能科研能力采用的累计论文产出数量、科研机构数量、发文学者数量三个指标可以发现，美国的人工智能科研能力稳居世界前列。

（6）地域分布

美国的人工智能企业主要集中于东西海岸，西海岸以旧金山湾区、西雅图、洛杉矶为代表，东海岸以纽约和波士顿为代表。

2.人工智能在英国的发展现状

在欧洲各国人工智能发展中，英国处于领头羊位置。因此，研究其人工智能的产业布局对中国人工智能的发展具有启示意义。

（1）总体情况

英国人工智能的科研能力和行业应用都走在世界前列，是除美国和中国外，世界第三大人工智能发展国。

（2）地域布局

英国人工智能地域布局呈现出抓住地方优势"因地制宜"的布局特点。伦敦一直就是英国人工智能发展的核心区域，其人工智能发展历史长，技术水平高，未来伦敦将继续保持发展优势；牛津借助良好的科研优势，吸引了 Diffblue 等企业和科研机构在此发展；爱丁堡以数据分析见长，涌现了 Skyscanner、CodeBase 等新兴企业；剑桥聚集了一大批初创型人工智能企业，如 VocalIQ 等。

（四）人工智能爆发式增长的原因

人工智能爆发式增长的原因主要有以下四个方面。

1.算法理论的突破

2011 年 1 月 14 日，IBM 开发的人工智能程序"沃森"在美国著名智力竞赛节目《危险边缘》上，击败两名人类选手而夺冠，从此深度学习算法名声大噪；2016 年 3 月，AlphaGo 以 4∶1 战胜围棋世界冠军李世石，增强学习算法声名鹊起。深度学习算法和增强学习算法只是众多算法中最有代表性的两种，算法理论在这一阶段的快速发展由此可见一斑。

此外，由于世界人工智能行业的激烈竞争，众多商业巨头和高校纷纷推出开发平台，如谷歌的神经网络开源库（TensorFlow）、加利福尼亚大学伯克利分校的卷积神经网络开源框架（Caffe）等，这些也在很大程度上促进了算法的发展。

2. 计算能力的大幅提升

由于摩尔定律，计算机软硬件方面的能力逐年加强。此前，以 CPU 为主的计算机较难满足如深度学习等算法的庞大计算量，而 GPU 的应用却使得计算机的计算能力大幅提升。2015 年以后，人工智能的快速发展在很大程度上与 GPU 的广泛应用有关。如果量子计算机实现突破，计算机的计算能力将会更强，人工智能的算力约束则会越来越低。

3. 数据的迅猛增长

人工智能需要大量数据来训练其算法，没有充足的数据，人工智能的智能水平将受到限制。2010 年，大数据时代到来；2015 年，全球产生的数据总量达到了 2005 年的 20 多倍。当今世界产生的各类丰富的数据资源为各类算法训练提供了充分的数据保障。

4. 商业化的快速发展

一方面，人工智能作为新一轮产业变革的核心驱动力，正在重构生产、分配、交换、消费等经济活动的各个环节，是世界商业必争之地；另一方面，人工智能和其他各行业的结合越来越紧密，在金融、农业、交通运输、健康医疗等领域得到了广泛应用，带来了很好的效益，各行业对人工智能的需求也越来越大。

如今，人工智能发展势头正猛，逐步释放出历次科技革命和产业变革所积蓄的巨大能量，处于增长爆发阶段。纵观历史，每次技术革命本质上都是人类生产力的解放，当下人工智能也正在进一步解放人类生产力，引领第四次技术革命，相信未来人工智能的发展必将越来越成熟，带领人类步入新阶段。

二、人工智能发展多方面的现状剖析

历史经验表明，新兴技术通常可以提升生产效率、推动社会进步。然而，考虑到人工智能目前仍处于初级阶段，其安全层面、伦理层面和隐私层面的政策、法律和标准问题同样值得关注。在人工智能技术的发展中，这些关键问题直接影响着人们对于人工智能工具的信任及与之交互的经验。只有当社会公众坚信人工智能技术带来的安全利益远大于潜在的伤害时，人工智能才有可能得到进一步的发展。

为了构建一个安全的环境，人工智能技术和各个领域的应用必须遵守人类社会公认的伦理原则，其中特别需要关注隐私问题。随着人工智能的不断发展，个人数据被记录和分析的数量也在不断增加。保障个人隐私是维护社会信任的关键条件。因此，建立配套的政策、法律和标准化环境，使人工智能技术能够造福社会、保护公众利益，是人工智能技术延续和健康发展的必要前提。

（一）人工智能的安全发展现状分析

人工智能最突出的特点就是可以实现无人类干预，即以知识为基础，能够自我修正地自动化运行。当人工智能系统被打开时，其决策就不需要操控者再下命令了，但是这种自主决策也可能会导致结果出乎人类的预料。设计者与生产者在开发人工智能产品时，可能无法准确预测产品可能存在的风险，因此，必须重视人工智能的安全问题。

不同于传统公共安全（如核技术）所需的强大基础设施支持，人工智能基于计算机及互联网即可构成安全威胁。人工智能程序的运行不是公开可追踪的，因此其扩散途径与速度难以准确控制。在现有传统监督技术不能发挥其优势的情况下，人工智能技术监督不得不另辟蹊径。也就是说，监督者需要思考更深层次的伦理问题，以确保人工智能技术及其应用都能满足伦理要求，从而真正达到维护公共安全的目的。

另外，当前国际上对人工智能的管理规定有很大的分歧，有关标准更是一片空白，同一种人工智能技术所涉及的人员可能来自不同的国家，而且这些国家还没有签订以人工智能为目标的共有合约。在此背景下，我国应当加强国际合作，以促进建立一套国际上普遍适用的管制原则与标准，从而确保人工智能技术安全。

（二）人工智能的伦理发展现状分析

1.人工智能伦理的内涵

人工智能伦理属于广义伦理的范畴，是指由人工智能技术的开发与应用所带来的伦理问题，它涉及人类与人工智能系统、智能机器之间的伦理关系。人工智能技术和其他科学技术最大的不同就是智能性。

人类利用各种科学及工程技术创造出功能各异的工具，帮助自己拓展、延伸能力。例如，人类想像鸟儿一样飞翔，于是就创造出了飞机。人工智能技术的诞生和发展，使得工具的属性发生了变化，它们开始成为具有智能性的工具。当这种智能性与人类智能某方面相似甚至超越人类时，人类与智能工具之间的关系就开始变得复杂起来，这种复杂关系如果反映在伦理观念上，就会对人类社会的传统伦理关系造成影响和冲击。

正是因为这一关系复杂，人工智能伦理有狭义与广义之别。从狭义上讲，人工智能伦理指人工智能技术系统、智能机器，以及它们的使用而产生的与人相关的伦理道德问题。人工智能技术应用的所有领域均涉及伦理问题，这正是狭义的人工智能伦理所要思考的。从广义上讲，人工智能伦理指人类和人工智能系统、人类和智能机器，以及人类和智能社会的伦理关系和超现实的强人工智能伦理议题，包括人工智能系统和智能机器对人的负责、保障等类别。

广义的人工智能伦理具有以下三层含义。

首先，在人工智能技术的应用背景中，人工智能系统的参与影响着社会多方面的工作及决策活动，对人们的传统伦理道德关系产生了冲击，并由此引申出了新的伦理道德关系。

其次，深度学习技术所推动的智能机器具有区别于人类的特殊智能，这促使人类必须从一个前所未有的角度来思考人类和这些智能机器之间的伦理问题。

最后，最有争议的方面是有人认为人工智能迟早会超过人类智能，并且有可能对人类构成威胁，这其实是一种现实之外的幻想，但由此也产生了对哲学意义伦理问题的反思。

2. 人工智能伦理的原则

人工智能是人类智能和人类价值系统的扩展，其发展过程应包含着对人的伦理价值的恰当思考。设置人工智能技术伦理要求应基于社会与大众对人工智能伦理问题的深刻反思与广泛共识。与此同时，人工智能伦理还应严格遵守一定的共识原则。

（1）人类利益原则

人类利益原则，即人工智能最终应该是为了人类的利益。该原则反映了尊重人权、最大限度地保护人与自然环境的利益、减少技术风险与社会负面影响等思想。基于这一原则，政策与法律应当努力建设人工智能发展的外部社会环境，促进社会个体人工智能伦理与安全意识教育，谨防人工智能技术被不法分子滥用，对社会造成威胁。另外，政策与法律还要谨防人工智能系统做出偏离伦理道德的决定。

例如，高校使用机器学习算法对入学申请进行评估。如果训练算法所使用的历史入学数据体现了以往录取程序中存在的一些偏差（如性别歧视），机器学习就有可能在反复累积的操作中导致恶性循环。若不加以修正，偏差会以此种方式永远地留在社会上。

（2）责任原则

责任原则，即从技术开发与应用两个方面建立起一套清晰的职责体系，使人工智能技术开发人员或部门在技术上能够追责，从应用上能够建立起一套合理的权责与赔偿制度。就责任原则而言，技术开发中应当遵守透明度原则，技术应用中则应遵循权责一致的原则。

①透明度原则需要理解系统的工作原理，进而对未来的发展做出预测。也就是说，人类应了解人工智能是怎样的，以及为什么要做出具体决策，这些都是进行责任分配时所必需的参考依据。例如，在神经网络这一人工智能的重要课题上，就必须了解具体输出结果产生的原因。

此外，数据来源的透明度同样很重要。即使在没有明显偏见的数据集中，也可能存在暗含的问题。必须对这种情况保持警惕，并采取相应措施。透明度原则还规定，在发展人工智能技术时，应关注多种人工智能系统相互合作所造成的威胁和伤害。

②权责一致原则意味着在今后的政策与法律中要有明确的规定。一方面，对所需要的商业数据要进行合理记录、对相应的算法要进行严格监管、对商业应用要进行合理审核；另一方面，商业主体仍然可以运用合理知识产权或商业秘密对其核心参数进行保护。

在人工智能应用方面，权责一致原则还没有在商界、政府对于伦理的践行上得到充分贯彻，主要原因在于人工智能产品、服务研发与生产中工程师和设计团队通常都忽略了伦理问题。另外，人工智能整体产业还没有习惯全面考虑各利益相关者要求的工作流程，涉及人工智能的公司在商业秘密保护方面也没有做到兼顾透明度。

3.科技伦理的内涵和互动表现

（1）科技伦理的内涵

科技伦理是指关于各种科学技术发展所引发的伦理问题。19世纪，德国哲学家马克思对科学技术发展中产生的伦理问题进行了深入探讨。他指出："在我们这个时代，每一种事物好像都包含有自己的反面。我们看到，机器具有减少人类劳动和使劳动更有成效的神奇力量，然而却引起了饥饿和过度的疲劳；财富的新源泉，由于某种奇怪的、不可思议的魔力而变成贫困的源泉；技术的胜利，似乎是以道德的败坏为代价换来的。"

英国哲学家罗素认为，科学提高了人对大自然的控制力，从而有可能增加人的幸福与财富。毫无疑问，这种情况只能以理性为基础，但是实际上人永远受到激情与本能的约束。一种新技术的产生、发展与成熟的各个阶段给人类带来的是快乐还是灾难，常常不是人的欲望与意愿所能决定的，关键在于人们要发挥这一技术所具有的积极价值，这样才能尽力避免它可能造成的灾难性结局。

（2）科技伦理的互动表现

就社会历史现象而言，伦理道德和科学技术之间的相互作用具体表现为，科学技术广泛运用形成了社会化大生产——人的生产方式、生活方式的重大变革影响着生产关系及其他社会关系的改变，从而推动了新道德规范的产生，在这种道德规范中又产生了现代科学技术下新的伦理价值。

科学技术对伦理道德的发展具有十分深远的影响，它的发展能够极大地推动伦理道德观念的更新与转变，是促进伦理道德进步的主要力量。科学技术的发展间接或直接地作用于伦理道德，引起新的伦理问题和对伦理的新思考。这些新的伦理问题和对伦理的新思考进而催生出新的伦理观，从而推动伦理道德向前发展。历史证明，很多伦理道德的不断更新与发展进步主要归功于科学技术的进步。伦理道德能随着科学技术的进步而不断更新和变化，科学技术能随着伦理道德的更新和变化而永葆生命的活力。

4.人工智能影响伦理道德

科技的更新发展是一把双刃剑，既有可能推动伦理道德向前发展，也有可能给伦理道德发展带来负面影响，造成伦理道德的堕落。这一负面影响表现为以下三点：①科技的更新发展可以创造出大量物质财富，并且能够为人们带来大量物质利益。这就很可能使人们的物质享乐心理无限膨胀，从而轻率片面地追逐物质利益，造成道德败坏的局面。②科技的进步可能会提供全新的犯罪手段和犯罪方式来引诱人们走上犯罪之路。③如果处理不好因科技进步而产生的某些伦理问题，就可能会严重损害社会伦理秩序，甚至造成社会失范。

在人工智能技术越来越强大的今天，其发展中出现的越来越多的伦理道德问题，受到来自科技界、企业界、学术界等众多领域的专家、学者和社会人士的普遍关注。人类要引导人工智能技术的发展，防止人工智能技术的滥用危害人类利益。

（三）人工智能的隐私发展现状分析

人工智能的最新发展基于对海量数据信息技术的应用，这必然会涉及个人数据信息的合理利用，所以对个人隐私要有一个清晰和可操作的界定，相关法律与标准要对个人隐私给予更加有力的保护。

随着人工智能技术的持续发展，使用者同意收集个人数据信息的范围不再清晰明确，因此现有的管制框架也面临着新的挑战。人工智能技术能够轻松地导出个人隐私信息。例如，从海量的公共数据中导出个人隐私信息，以及从已知的个人隐私信息中推断出与其相关的人际关系等，这些资料是在个人原先约定的公开信息之外的。

另外，人工智能的发展也为政府采集和利用公民个人数据信息提供了更多的可能性。大量个人数据信息的收集有助于政府各部门更深入地理解被服务人群的状态，保障个性化服务的提供机会与质量。但是与此同时，政府部门及工作人员不当利用个人隐私信息所带来的风险及可能造成的伤害也应引起人们的充分重视。

在人工智能背景下，应重新界定个人数据信息的取得与知情同意的标准：①问题的提出和政策、法律及标准有关，应当直接规范数据采集与利用，不应当仅由数据所有者同意；②要制定切实可行、可实施的标准流程，以适应不同的使用场景，供设计者与开发者对数据来源进行隐私保护；③对使用人工智能有可能导出超出公民初始同意公开信息的情形要予以规范；④应采用扩展式的个人数据保护政策、法律和标准，并激励开发相关技术用于探索，把算法工具当作个人在数字和现实世界中的代表。

第三节 人工智能的发展趋势

人工智能在教育、金融、医疗等领域不断取得突破，对各行各业产生了巨大的影响。

一、人工智能发展的美好前景

（一）转换研究范式迎接新高潮

人工智能研究必须转换研究范式，构建能够产生自身能力的自动机器，这样才能反映出人类智能。与人脑神经网络相似的人工网络范式和模仿人类进化自适应机制的移动机器人范式均不受形式化要求约束，都强调能动者和世界之间的相互作用，所以可以同时争取发展空间。

近年来，深度学习算法不断发展，以互联网为载体的数据量急剧增加，数据挖掘技术应运而生，大大推动了上述两大范式的研究和进步，并且在许多领域的研究中硕果累累，掀起了人工智能开发的新高潮。

当前，人工智能不但在人们的日常生活中大放异彩，在工业领域及商业领域也捷报频传。2017年7月7日，《科学》杂志发表的一组论文显示，机器人或自动程序可以对人的认知过程进行直接参与。例如，宾夕法尼亚大学积极心理学中心的心理学家就利用算法，基于社交媒体中的词语对公众情绪进行分析，并对人们进行收入与意识形态之间关系的预测，因而可能引起语言分析及其同心理学关系的革命。这些进展说明，一旦人工智能研究人员扬弃了寻求强大人工智能的一般范式，转而寻求特定领域内的拓展应用时，人工智能就会摆脱瓶颈并迎来新一轮的发展巅峰。

（二）迎接人工智能的时代变局

人工智能的出现意味着时代将会出现巨大变革，这种变革不以某一个人、某一家企业的意志而转变。

日益发展的互联网技术和层出不穷的新技术概念，使得人工智能进入了一个蓬勃发展的时期。例如，大数据概念的提出使人工智能在多个领域中的应用成为可能。同时，人工智能对数据的解析能力也在不断增强，这又进一步提高了计算机处理海量数据的能力。除此之外，云计算、物联网和5G等技术的产生和应用也从多个方面支撑着人工智能的不断发展。

在这样的背景下，多学科交叉成为人工智能发展的新方向，如在图像分类识别、图像智能跟踪、语音识别、文本挖掘、无人驾驶等领域，很多研究成果已经从实验室走到了人们的现实生活中。

目前，人工智能正在加速与各个行业的深度融合，在许多领域中都发生了技术革命：①在金融领域，使用人工智能技术对股票等金融数据进行分析，有助于人们更好地把握股票走势，理性投资；②在医疗领域，人工智能技术可以用于识别医学图像，帮助医生更好、更快地找到病变组织的方位，实现比传统人工识别更加精准、有效的手术切割；③在教育领域，人工智能也走进了中小学生的课堂与家庭，可以对不同孩子在学习中面临的不同问题，实现有针对性的教育与指导。

未来，新兴产业的发展也会逐渐依赖人工智能的理论与技术，从而产生巨大的经济效益。

二、人工智能发展及应用的总体趋势

（一）深度学习的发展

深度学习是人工智能的核心技术之一，通过构建多层神经网络模型，能够模拟人类的学习和认知过程。随着硬件计算能力的提升和大数据的普及，深度学习在图像识别、语音识别、自然语言处理等领域取得了突破性进展。

深度学习已经在图像识别领域取得了巨大进展，未来的发展趋势将主要集中在：增强对小样本和多样性数据的学习能力，提高对复杂场景的理解和推理能力，实现实时、高效的图像识别系统，进一步提高模型的鲁棒性和稳定性。

深度学习在语音识别领域也取得了显著的成果，未来的发展趋势主要集中在：提高对多种语言和口音的识别性能，改进模型对于语义和语境的理解能力，实现更准确、实时的语音识别系统，提高抗噪声和干扰的能力。

自然语言处理是深度学习的重要应用领域之一，未来的发展趋势主要集中在：提高文本理解和生成的能力，实现更准确、流畅的机器翻译和问答系统，提高对多模态数据（图像、语音、文本）的理解和处理能力，解决语义理解和表示的挑战，实现更智能、更人性化的自然语言处理应用。

（二）增强学习的应用

增强学习是一种通过与环境进行交互学习的方法，以试错的方式不断优化自身的行为策略。增强学习在游戏、机器人等领域取得了重要进展，并且有望在自动驾驶、物流管理等复杂决策问题上发挥重要作用。增强学习在自动驾驶、物流管理等复杂决策问题方面的发展趋势主要包括以下几个方面。

1.状态表示

在复杂决策问题中，良好的状态表示对于增强学习的性能至关重要。未来的发展趋势将注重设计更适合特定领域的状态表示方法，如基于图结构的状态表示、基于多模态输入的状态表示等，以提高决策过程的表达能力和效果。

2.动作选择算法

增强学习的核心是如何选择最优的动作。未来的发展趋势将重点研究更高效、更准确的动作选择算法，如使用深度神经网络结合模型预测方法，进一步提高决策的效率和准确性。

3. 建模和训练技术

复杂决策问题往往具有很大的状态空间和动作空间，需要大量的样本进行训练。未来的发展趋势将深入研究如何有效地建模和训练增强学习模型，在有限的数据和计算资源下获得更好的性能。

4. 强化学习与规划方法的融合

增强学习和规划方法相互补充，可以在解决复杂决策问题时发挥更大的作用。未来的发展趋势将注重探索增强学习与规划方法的融合，以提供更全面、更灵活的决策能力。

5. 安全性和可解释性

在自动驾驶、物流管理等应用场景中，安全性和可解释性是非常重要的要求。未来的发展趋势将关注增强学习模型的安全性和可解释性，研究如何使模型的决策过程更可靠、更易于理解和解释。

（三）自然语言处理的提升

自然语言处理是指让机器能够理解和处理人类自然语言的能力。随着语言模型、知识图谱和语义理解等相关技术的不断进步，人工智能在语音识别、机器翻译、智能对话等领域将更加准确和智能化，从而为人与机器之间的交互提供更好的体验。

（四）边缘计算的发展

随着物联网的不断普及和设备的智能化，边缘计算将成为人工智能发展的重要趋势。边缘计算可以在离数据产生和处理的地方进行计算和决策，减少数据传输和处理的延迟，提高响应速度和安全性。

（五）伦理和法律规范的关注

人工智能带来了许多创新和便利，但也带来了一些伦理和法律问题。人工智能的监管和规范将成为社会关注的焦点，因此需要制定和遵守合适的伦理准则和法律法规，确保人工智能的应用和发展与人类的利益相符。

第三章　人工智能的技术基础

人工智能的技术基础包括知识表示、概念表示、专家系统、搜索技术、机器学习、人工神经网络等内容。这些核心技术基础共同支撑着人工智能的发展和应用，因此强化人工智能的技术基础势在必行。本章围绕知识表示、概念表示、专家系统、搜索技术、机器学习、人工神经网络等内容展开研究。

第一节　知识表示

对人工智能来讲，知识是最重要的组成部分。因为人类的智能活动主要是一个获取并运用知识的过程，知识是智能的基础，其在人工智能系统的设计和实现中扮演着重要的角色，它与机器学习、推理和决策等技术密切相关，共同推动着人工智能技术的不断发展和进步。

一、知识概述

（一）知识的概念

知识是人类对自然世界、人类社会、思维方式及运动规律的认识与掌握；是人类在长期的生活及社会实践中、在科学研究及实验中积累起来的经验；是人的大脑通过思维重新组合，把实践中获得的有关信息关联在一起形成的信息结构。

信息之间有多种关联形式，其中使用最广泛的一种是用"如果……则……"表示的关联形式，它反映了信息间的因果关系。例如，人类经过多年的观察发现，每当大雨即将来临的时候，就会看到成群结队的蚂蚁在搬家，于是就把"蚂蚁搬家"和"大雨将至"这两个信息关联在一起得到了相应的知识，即"如果蚂蚁搬家，则大雨将至"。

知识对客观世界中事物之间的关系进行了反映，不同事物或相关事物间的不同关系形成了不同的知识。例如，"海水是咸的"是知识，它反映了"海水"与

"咸"之间的一种关系。又如，"如果天空中乌云密布，则有可能会下雨"是知识，它反映了"天空中乌云密布"与"有可能会下雨"之间的一种因果关系。在人工智能中，将前一种知识称为事实，而把采用"如果……则……"关联起来形成的知识称为规则。

（二）知识的特性

知识是人类对客观世界认识的结晶，并且长期受到实践的检验。其特性包括相对正确性、不确定性、可表示性与可利用性。

1. 相对正确性

在一定的条件及环境下，知识是正确的。这里"一定的条件及环境"是必不可少的，它是知识正确性的前提。因为任何知识都是在一定的条件及环境下产生的，因而也就只有在这种条件及环境下才是正确的[①]。

例如，牛顿力学定律在一定的条件下才是正确的。又如，1+1=2 是一条人人皆知的正确知识，但它也只有在十进制的前提下才是正确的；如果是二进制，它就不正确了。再如，在看到王安石写的诗句"西风昨夜过园林，吹落黄花满地金"时，宋代文学家苏轼认为王安石写错了，因为他知道春天的花败落时花瓣才会落下来，而黄花（即菊花）的花瓣最后是枯萎在枝头的，所以便自信地续写了两句诗来纠正王安石的错误，即"秋花不比春花落，说与诗人仔细吟"。后来，苏轼被贬到黄州任团练副使，见到还有落花的菊花，才知道自己错了。

在人工智能中，知识的相对正确性更加突出。除人类知识本身的相对正确性外，在建造专家系统时，为了减小知识库的规模，通常将知识限制在所求解问题的范围内。也就是说，只要这些知识对所求解的问题是正确的即可。

2. 不确定性

现实世界是复杂的，知识并不只有"真"和"假"两种状态。由于信息存在精确和不精确的可能、关联存在确定和不确定的可能，因此知识存在"真"的程度问题。也就是说，知识在"真"与"假"之间还存在许多中间状态。知识的这一特性被称为不确定性。

造成知识不确定性的原因主要有以下几个方面。

①由随机性引起的不确定性。由随机事件所形成的知识不能简单地用"真"或"假"来刻画，它是不确定的。

---

① 魏权.基于案例推理的煤矿瓦斯爆炸预警研究 [D].西安：西安科技大学，2008.

②由模糊性引起的不确定性。由于某些事物客观上存在模糊性，无法把类似的事物严格地区分开。

③由不完全性引起的不确定性。知识是一个逐步完善的过程，在此过程中，人们对事物认识的不完全性必然导致知识的不确定性。

④由经验依赖引起的不确定性。由于个别知识是通过实践和观察获得的，没有经过科学严谨地实验和验证，领域专家的知识可能受限于他们的个人经验和偏见，也可能受到新的发现和研究的挑战，因此即使是由专家提供的知识，也需要不断审慎地评估和更新。

3. 可表示性与可利用性

知识的可表示性意味着知识可以通过适当的形式进行表达和记录，如使用语言、文字、图形、神经网络等方式。通过这些形式的表示，知识可以被存储、传播和共享。不同的领域和应用可能需要不同的表示方式，但关键是能够准确地表达和传达知识的内容和意义。

知识的可利用性是指知识可以被人们用来解决问题、做出决策或采取行动。每个人都需要在日常生活中利用自己所掌握的知识来应对各种情境和挑战。知识的可利用性对于个人和社会的发展至关重要，它使人们能够根据已有的知识进行思考、判断和行动，从而更好地适应和应对变化和挑战。

知识的可表示性和可利用性是相辅相成的，它们共同构成了知识的完整生态系统。

二、知识表示的含义和方法

（一）知识表示的含义

知识表示是研究用机器表示知识可行的、有效的、通用的原则和方法，即把人类知识形式转化为机器能处理的数据结构，是一组对知识的描述和约定。

自然语言是人类进行思维活动的主要信息载体，可以理解为人类的知识表示。将自然语言所承载的知识输入计算机，一般需要先经过对实际问题建模的过程，然后基于建立的模型实现面向机器的符号表示——一种数据结构，这种数据结构就是知识表示问题。计算机对这种符号进行处理后，首先形成原问题的解，其次经过模型还原，最后得到基于自然语言（包括图形、图像等）表示的问题解决方案。

（二）知识表示的方法

1.产生式表示法

产生式表示法是用规则序列的形式来描述问题的思维过程，从而形成求解问题的思维模式。产生式表示法中的每一条规则被称为一个产生式。目前，产生式表示法已成为专家系统首选的知识表示方式，也是人工智能中应用最多的一种知识表示方式。产生式专家系统由数据库、规则库和推理机三部分组成：数据库用来存放问题的初始状态、已知事实、推理的中间结果或最终结论等；规则库用来存放与求解问题有关的所有规则；推理机用来控制整个系统的运行，决定问题求解的线路，包括匹配、冲突消解、路径解释等。

2.框架表示法

框架表示法是一种用于描述和组织知识的结构化方法。它由多个框架组成，每个框架包含多个槽和侧面，用于描述所论对象的属性。槽表示对象某一方面的属性，侧面表示属性的一个方面。槽值和侧面值表示属性的具体取值。在框架系统中，可以使用不同的框架名、槽名和侧面名来表示不同的属性。框架、槽和侧面可以附加一些说明性信息，如约束条件，用于指定填入槽和侧面的值的限制条件。

框架表示法被广泛应用于多个系统中，包括人工智能、专家系统、自然语言处理等领域。它能够提供一种结构化的知识表示方式，有助于知识的组织、存储和推理。

便于表达结构性知识是框架表示法最突出的特点，可以表示知识的内部结构关系及知识间的联系，所以它是一种结构化的知识表示方法，这是产生式知识表示方法所不具备的。产生式系统中的知识单位是产生式规则，这种知识单位太小，很难对复杂的问题进行处理，也无法表示知识间的结构关系。产生式规则只能表示因果关系，而框架表示法不仅可以表示因果关系，还可以表示更复杂的关系。

框架表示法通过槽值引用其他框架的名字来建立不同框架之间的联系，形成一个框架网络。这种框架网络可以用于表示和组织复杂的知识。在框架网络中，上层框架的槽值可以被下层框架继承。这意味着下层框架可以沿用上层框架的某些属性和值，从而减少知识的冗余和重复。同时，下层框架也可以对继承的槽值进行补充和修改，以适应特定的情境和需求。这样的设计能够保证知识在整个框架网络中的一致性和灵活性。

3. 脚本表示法

脚本表示法由一组槽组成，是一种类似框架表示法的知识表示方法，用来对特定领域内一些时间的发生序列进行表示，与电影剧本十分类似。脚本表示的知识有明确的时间或因果顺序，必须是前一个动作完成后才会触发下一个动作。与框架相比，脚本用来描述一个过程而非静态知识。

4. 语义网络表示法

语义网络的概念来源于万维网，是万维网的变革与延伸，是 Web of Documents 向 Web of Data 的转变，其目标是让机器或设备能够自动识别和理解万维网上的内容，使得高效的信息共享和机器智能协同成为可能。其本质是以 Web 数据的内容（即语义）为核心，用机器能够理解和处理的方式链接起来的海量分布式数据库。语义网络表示法提供了一套为描述数据而设计的表示语言和工具，用于形式化地描述一个知识领域内的概念、术语和关系。

第二节　概念表示

概念是构成人类知识世界的基本单元。人们借助概念才可以对世界有一个准确的理解，才能将信息与他人进行交流与传递。

一、概念的定义

所谓概念的精确定义是可以给出一个命题，也称概念的经典定义方法。在这样一种概念定义中，对象属于或不属于一个概念是一个二值问题——一个对象要么属于这个概念，要么不属于这个概念，二者必居其一。一个经典概念包括概念名、概念的内涵表示、概念的外延表示三个组成部分。

概念名由一个词语来表示，属于符号世界或认知世界。

概念的内涵是指概念所包含的本质属性和特征，是对概念在人类主观世界中的认知和理解。概念的内涵可以用命题来表示，命题是可以被判断为真或假的陈述句。命题可以用来表达对概念内涵的描述和定义，反映和揭示概念的本质属性。

概念的外延是指概念所指称的具体实例或个体的集合。它是由满足概念的内涵所描述的属性和特征的对象构成的经典集合。概念的外延可以包括所有符合该概念定义的实际对象，也可以是人、事物、概念之间的关系等。概念的外延是外部可观、可测的，它可以通过对具体个体进行观察、实证和量化来确定。

二、概念表示理论

概念表示理论旨在更好地解释和描述人类对于日常生活中复杂概念的理解和思维方式。该理论允许人们更灵活地思考和定义概念，避免了传统的经典概念表示理论的二元假设和固定性。

（一）原型理论

原型理论是人们形成和理解概念的基本方式之一。根据原型理论，概念的形成和分类是建立在一个典型的代表例子（原型）上的。原型既可以是实际的或虚拟的对象样本，也可以是一个假设性的图示性表征。

在原型理论中，一个概念的原型是该概念的最理想代表。当人们思考某个概念时，他们会将与原型最相似的对象作为该概念的代表。例如，对于"好人"的概念，中国人通常将雷锋作为"好人"的原型代表。

对于概念中的不同对象，它们与原型的相似程度也会影响其被归类到该概念的程度。在"鸟"这个概念中，常见的鸟类具有卵生、有喙、有羽毛、会飞、体轻等典型特征。麻雀和燕子具有这些典型特征，因此更适合作为"鸟"的原型。鸵鸟、企鹅、鸡、鸭等在一定程度上不符合这些典型特征，虽然它们也属于鸟类，但不太适合作为"鸟"的原型。

因此，根据原型理论，一个对象被归类为某类事物是因为它更像该类事物的原型表示。概念的隶属度并不都是1，而是随着其与原型的相似程度而变化。

这些概念在日常生活中的边界是模糊的，并且无法用严格的定义来描述。这种模糊性使得严格的经典集合论在描述和处理这些概念时存在困难。为了解决这个问题，美国自动控制专家扎德（Zadeh）在1965年提出了模糊集合的概念。模糊集合与经典集合的主要区别在于对象属于模糊集合的特征函数不再是非0即1，而是一个取值范围为0～1的实数。这样，一个对象可以同时属于不同程度上的多个模糊集合。例如，在描述"秃子"这个概念时，可以定义一个模糊集合"秃子集合"，其中的对象可以根据头发数量来描述与"秃子"的关系程度。

基于模糊集合的概念发展出了模糊逻辑，它是一种扩展了经典命题逻辑的形式，可以处理模糊概念和模糊边界的推理问题。模糊逻辑可以解决一些传统逻辑中无法处理的问题，如在悖论中应用模糊逻辑可以避免死板的二值思维。例如，"秃子悖论"这个问题，用模糊逻辑的观点来看，可以将"秃子"视为一个模糊概念，其边界是模糊的，并且可以根据个体的不同特征和关系程度来推断，从而避免了悖论的出现。

寻找概念的原型是一项困难的任务，一般需要辨识同一概念下的多个对象或事先有一个原型供参考。然而，这两个条件并不总是同时存在的。特别是在20世纪70年代，儿童发展学家通过观察发现，一个儿童只需要认识几个属于同一概念的样例，就能够辨识出这些样例所属的概念，但并没有形成相应概念的原型。基于这一发现，罗施（Rosch）和默维斯（Mervis）提出了概念的样例理论。

（二）样例理论

样例理论认为，概念的学习是通过从已知样例中提取共同的特征和属性来进行的。一个概念可以由多个已知样例来表示，而不是被单一的对象样例或原型所代表。很小的婴儿在一两岁时就能够辨识什么是人，这显示了他们已经能够使用概念来进行分类和识别。尽管他们接触的人的个体数量有限，但他们仍然可以通过观察、比较和记忆已知的样例来形成对"人"这个概念的认知。他们逐渐将这些共同特征和属性归纳为一个抽象的概念——"人"。

样例理论表明，一个样例被认为属于某个概念而不是其他概念，是因为它更像特定概念的样例表示。概念的样例表示可以采用不同的形式，可以是由概念的所有已知样例来表示，也可以是由最佳、最典型或最常见的样例来表示，或者是由经过选择的部分已知样例来表示。

（三）知识理论

在不同的文化和语言中，人们对于颜色的分类和命名方式存在着差异，这表明颜色概念受到文化和社会经验的影响。这一发现进一步支持了概念的知识理论。

知识理论强调了概念是基于特定的知识框架或文化背景而存在的。人们的认知和理解是受其所处环境和文化的影响的，因此不同的文化和社会对概念有不同的认知和理解。这意味着概念的内涵表示是与个体的经验、知识和文化背景紧密相关的。每个人对于概念的理解可能会有一些差异，因为每个人的经验和知识都有所不同。概念的认知表示是人们在脑中对于概念的抽象和表示方式。

第三节　专家系统

专家系统是一种智能计算机程序系统，其中包含了大量领域专家的知识与经验。它可以借助人类专家的知识和解决问题的方法来对该领域的问题进行处理。

换句话说，专家系统是一种模拟人类专家解决领域问题的计算机程序系统。

一、专家系统的产生及发展

斯坦福大学的 DENDRAL 系统和麻省理工学院的 MYCSYMA 系统，是专家系统发展的里程碑。它们代表了专家系统的早期阶段，并在特定的领域中取得了有限但具有实质意义的成功。DENDRAL 系统于 1968 年研制成功，用于分析化合物分子结构。它是专门针对化学领域的专家系统，通过将专家知识和规则编程到计算机中，模拟专家的问题解决过程，达到了专家级别的预测和分析能力。MYCSYMA 系统于 1971 年开发成功，专注于数学问题，包括微积分运算和微分方程求解等。它采用了 LISP 语言来实现，通过表示数学问题的规则和知识，能够在特定领域中有效地解决数学问题。这些早期的专家系统在特定领域中表现出了一定的解决问题的能力，但它们也存在一些局限性。它们通常是高度专业化的，仅限于某个特定领域或问题类型，结构和功能的完整性不够，缺乏通用性和灵活性。此外，这些系统也缺乏对其推理过程的解释和透明度。但这些系统为后来的专家系统研究奠定了基础，并推动了专家系统进一步的发展。随着技术的进步和研究的深入，专家系统逐渐发展出更加通用、普适的结构和功能，能够涵盖更广泛的领域和问题类型，并具备更好的解释和推理能力。

20 世纪 70 年代中期，专家系统进入了技术成熟期，并出现了一批成熟的专家系统。这些系统在不同领域展示了重要的应用和成果。

MYCIN 是斯坦福大学研制的专家系统，用于细菌感染性疾病的诊断和治疗。它首次引入了知识库的概念，通过使用可信度的方法进行不精确推理，成功地对细菌性疾病做出了专家水平的诊断和治疗。MYCIN 还具备推理过程的解释能力，并与用户进行英语交互。MYCIN 的开发对于形成专家系统的基本概念和基本结构起到了重要的作用。

PROSPECTOR 是由斯坦福大学研究开发的探矿专家系统。它在某山区进行地质资料的实地分析，成功发现了一个钼矿，并取得了显著的经济效益，成为第一个在实践中取得成功的专家系统。

CASNET 是与 MYCIN 几乎同时开发的专家系统，由罗格斯大学开发，用于青光眼的诊断和治疗。它也是一个在医学领域取得成功的专家系统。

AM 系统是由斯坦福大学于 1981 年研制的一个专家系统，它能够模拟人类进行概括、抽象和归纳推理，发现数论中的某些概念和定理。

上述专家系统的出现标志着专家系统技术的发展和成熟，对后续专家系统的发展和应用产生了重要影响。专家系统技术在解决复杂问题、辅助决策等方面具有广泛的应用前景。

20世纪80年代以来，随着专家系统技术的成熟和商业化趋势，专家系统开始直接为企业提供服务，并产生了明显的经济效益。一个例子是美国数字设备公司（DEC）与卡内基梅隆大学合作开发的专家系统XCON，它用于为虚拟网络（VAN）计算机系统定制硬件配置方案，这个系统为企业节省了近1亿美元的资金。

此外，还出现了一批专家系统开发工具，大大简化了专家系统的构建过程。其中，一些工具包括骨架系统EMYCIN、KAS、EXPERT，通用知识工程语言OPS5、RLL，模块式专家系统工具AGE等。这些工具提供了一系列的库和模块，使专家系统的开发变得更加高效和便捷。

我国在专家系统领域取得了一些显著的成就，特别是在农业咨询、天气预报、地质勘探、故障诊断和中医诊断等方面，专家系统发挥了重要的作用。

我国的第一个专家系统——关幼波肝病诊断治疗专家系统，是世界上第一个中医专家系统。该系统于1977年由中国科学院自动化研究所控制论组研制成功。该系统以北京市著名中医专家关幼波教授为领域专家，采用模糊条件语句作为知识表达方法。它结合中医理论和关幼波教授的临床经验，对患者的病情进行病理诊断，并根据中医药理给出治疗处方。该系统通过基于"图灵测试"的"双盲测试"，即随机选择一个病人，在隔离的两个房间里先后由该专家系统和关幼波教授独立诊断并开处方，结果竟完全相同。这个专家系统的成功应用标志着中国专家系统研究的开创性突破，也为中国在专家系统领域的发展奠定了基础。

在开发工具与环境的研究方面，我国也取得了不少成果。例如，中国科学院数学与系统科学研究院牵头研制的专家系统开发环境"天马"等。

二、专家系统的特点

专家系统是人类专家智能的模拟、延伸和扩展，具有一个或多个专家的知识和经验，具有专门知识的启发性，能以接近于人类专家的水平在特定领域工作，并注重特定问题的求解。专家系统可以实现高效、准确和迅速地工作，突破了时间和空间的限制，程序可永久保存并复制。专家系统能进行有效推理，具有透明性，能以可理解的方式解释推理过程。

专家系统通过将专家水平的专业知识转化为可计算和推理的形式，实现了对问题的求解和决策过程。其推理机构是实现这一目标的核心组成部分。专家系统的推理机构能够基于用户提供的已知事实，运用知识库中的知识进行有效的推理。

这些推理过程可以是确定性的，也可以是不确定性的。当面临不确定性的情况时，专家系统能够利用启发性的推理方法，根据已有的知识和经验进行推断和决策，以解决问题。

与其他推理过程相比，专家系统的推理具有一些独特的特点。首先，专家系统的推理具有启发性，即能够从大量的专业知识中提取关键信息，从而更快速、高效地进行推理和决策。其次，专家系统具有灵活性，能够根据不同的情况和需求，调整推理过程和应用相应的知识。再次，专家系统的推理还具有透明性，即可以解释推理结果和决策过程，使用户能够对结果进行理解和接受。最后，专家系统的推理过程还具有交互性，能够与用户进行双向的交流和问答，以获取更多的信息和进行进一步的推理。

除利用专业知识外，专家系统还需要经验性的判断知识来做出多个假设，并根据一定的条件选定一个假设作为推理的基础，以使推理能够继续进行下去。这种经验性的判断知识是专家系统能够处理不确定性和不精确性的重要手段之一。在专家系统中，知识库和推理机是相互联系又相互独立的。当知识库需要进行修改和更新时，只要推理策略没有发生变化，推理机的部分可以保持不变，这样系统的扩充和更新就变得容易，并且具有较大的灵活性。为了提高用户对专家系统的信赖度，专家系统能够解释其推理过程和回答用户提出的问题。提供推理过程的解释可以让用户了解到为什么会得到这样的结果，从而增加用户对系统的理解和信任。同时，系统也能回答用户的询问，为用户提供相关的信息和解决方案，实现与用户的交互。另外，领域专家所使用的经验性方法通常是不确定的，并且问题本身所提供的信息也可能是不确定的。专家系统能够处理这种不确定性，通过运用模糊逻辑、概率推理等技术来进行推理和决策，提高问题求解的准确性。

相比于一般的计算机应用系统，专家系统善于解决不确定性的、非结构化的、没有算法解或虽有算法解但在现有的机器上无法解决的问题。与传统的计算机软件系统不同，专家系统不是使用固定算法来解决问题的，而是依靠知识和推理来解决问题的。因此，其是一种基于知识的智能问题求解系统。专家系统在系统结构上强调知识与推理的分离，灵活性和可扩充性较强。从处理对象上看，一般计算机应用系统主要对数据进行处理，而专家系统则对符号进行处理。专家系统还具有解释功能，在运行的过程中，不仅可以对用户提出的问题进行回答，还要能够对最后的结论输出或问题处理过程进行解释。有些专家系统还具有自我学习的能力，可以不断扩充和完善自己的知识。

除此之外，专家系统不像人那样受到精神、环境和情绪因素的影响，可始终如一地以专家级的高水平对问题进行求解。虽然专家系统具有人类专家所不及的各种优良特性，如精确度高、处理速度快、不受时空和环境的限制，在一定程度上延伸和扩大了人类专家的问题求解能力，但专家系统缺乏人类的感官意识，只能进行重复性的工作，难于学习新的知识，尤其是技术性的知识，通常无法从经验中进行学习。

三、专家系统的类型

（一）解释专家系统

通过分析过去和现在已知的状况，对未来可能发生的情况进行推断。然而，由于数据量较大、不准确、有错误等问题，有时会导致推理结果不够准确或不完整。此外，由于信息不完全，还可能无法对数据进行某些假设，这进一步增加了推理过程的复杂性和难度。

在实际应用中，如语音理解、图像分析、系统监视、化学结构分析和信号解释等领域，研究人员常常需要利用大量的数据和复杂的算法来解决这些问题。同时，不断改进机器学习和人工智能模型的准确性和可靠性，以提高推断的准确性和效果是当前的研究方向之一。

（二）预测专家系统

通过分析和解释已知的信息和数据，并对它们的含义进行确定。预测专家系统的特点是系统处理的数据随时间变化，并且可能是不准确和不完全的，系统需要有适应时间变化的动态模型，如气象预报、交通预测、经济预测和谷物产量预测等。

（三）诊断专家系统

诊断专家系统是一种应用专家知识和推理机制来进行诊断和故障排除的系统。它能够根据观察到的情况来推断某个对象机能失常的原因，并给出相应的诊断结果。

诊断专家系统具备以下特点。

1. 理解对象的特性和组成部分

诊断专家系统能够了解被诊断对象或客体的特性，包括其构成部分和它们之间的联系。诊断专家系统通过专家知识库中存储的相关知识来理解对象的运作原理和期望行为。

2. 区分不同现象和隐含关系

诊断专家系统能够区分一种现象及其所掩盖的另一种现象。在面对复杂的故障或问题时，它可以通过推理和分析，识别出故障的根本原因，避免被表面现象所迷惑。

3. 利用不确切信息进行诊断

诊断专家系统可以根据用户提供的观察数据和测量结果，从不确定和不完全准确的信息中进行推理和诊断。通过运用不确定性推理和模糊逻辑等技术，系统可以得出尽可能准确的诊断结果。

诊断专家系统在许多领域中都有应用，如医疗诊断、电子机械与软件故障诊断、材料失效诊断等。它能够利用专家知识和推理机制，帮助人们快速准确地找出出现问题的根本原因，进而采取相应措施进行修复或处理。

（四）设计专家系统

设计专家系统是我国在专家系统领域取得的成就之一。VAX 计算机结构设计专家系统是我国第一个应用于工业领域的专家系统，由中国科学院计算技术研究所于 1985 年研制成功。该系统利用专家知识和规则，根据用户提供的需求和约束条件，自动生成计算机的结构设计。通过该系统，可以快速地生成满足用户要求的可行性设计，并进行性能优化和故障分析等工作。该系统的运行结果表明，它的设计方案质量和性能与人工设计相当，具有很高的实用价值。

（五）规划专家系统

寻找出某个可以达到给定目标的动作序列或步骤。其所要规划的目标可能是动态或静态的，需要预测未来的动作，涉及十分复杂的问题。例如，军事指挥调度系统是用于指挥、协调和调度军事力量的专家系统。它需要根据战场态势和作战任务，规划最佳的行动序列和部署方案，使部队能够高效地完成任务。ROPES 机器人规划专家系统是用于制订机器人的行动计划和路径规划的专家系统。它需要根据机器人的能力、环境约束和任务需求，生成合理的行动序列和动作规划，以达到指定的目标。汽车和火车运行调度专家系统也是一类规划和调度问题的应用。它需要根据交通网络、车辆状态和运输需求，制订最优的行车计划和调度策略，以提高运输效率和减少交通拥堵。

这些专家系统通过利用领域专家的知识和经验，结合规则推理和优化算法，能够快速而准确地生成符合要求的行动计划，并为决策者提供决策支持和指导。

（六）监视专家系统

监视专家系统是通过不断观察系统、对象或过程的行为，并比较观察到的行为与其应当具有的行为，以发现异常情况，并发出警报。其特点是系统反应能力较快，发出警报的准确性很高，可以对输入的信息进行动态处理。例如，黏虫测报专家系统是一种用于监测农作物中黏虫数量的专家系统。它通过不断观察黏虫数量的变化，并与预先设定的阈值进行比较，当黏虫数量超过阈值时，系统会发出警报，提醒农民采取相应的防治措施。

（七）控制专家系统

控制专家系统是一种通过应用专家知识和推理机制来管理和控制受控对象或客体行为的系统。它可以自适应地管理受控对象的行为，以满足预期要求。

控制专家系统具有以下功能。

1. 解释功能

控制专家系统能够解释受控对象的行为，理解对象的状态和行动对系统目标的影响。它通过专家知识和推理机制，分析对象的行为和特征，以便做出正确的控制决策。

2. 预测功能

控制专家系统能够预测受控对象未来的行为和状态。它通过分析历史数据、环境变量和对象特性等信息，进行推理和预测，以便提前做出合适的控制策略。

3. 诊断功能

控制专家系统能够诊断受控对象的问题和故障。它可以通过观察和分析对象的行为，检测和识别出现问题的根本原因，以便及时采取相应的控制措施。

4. 规划功能

控制专家系统能够规划受控对象的行动方案和控制策略。它通过分析目标、约束条件和可行性等因素，制订出最佳的控制计划，以实现系统的预期要求。

5. 执行功能

控制专家系统能够执行制定的控制策略，并监控实际行动的执行情况。它可以根据反馈信息和环境变化，实时调整和优化控制决策，以确保受控对象按照预期要求运行。

控制专家系统在许多领域中都有应用，如空中交通管制、商业管理、自主机器人控制、作战管理、生产过程控制和质量控制等。它能够利用专家知识和推理机制，对受控对象进行全面的管理和控制，使其满足系统的预期要求。

（八）修理专家系统

修理专家系统是一种能够对发生故障的对象进行诊断、调试、计划和执行修理工作的系统。它通过收集故障现象和相关信息，进行诊断分析，生成修理方案，并指导修理人员按计划进行修复操作，以使对象恢复正常工作。ACI 电话和有线电视维护修理系统是美国贝尔实验室开发的修理专家系统之一。它用于维护和修理电话和有线电视系统，通过收集、分析和处理维护数据，帮助技术人员准确定位故障，并提供修复指导和计划。

第四节　搜索技术

一、搜索的概念、过程与策略

（一）搜索的概念

在求解实际问题的过程中，经常遇到以下两个问题：①如何寻找可利用的知识，即如何确定推理路线，才能在尽量少付出代价的前提下顺利解决问题；②如果存在多条路线可求解问题，如何从中选出一条求解代价最小的路径，以提高求解程序的运行效率。为解决上述问题，常采用搜索法求解问题。搜索就是根据问题的实际情况，按照一定的策略或规则，从知识库中寻找可利用的知识，从而构造出一条代价较小的推理路线，使问题得到解决的过程。搜索是人工智能中的一个核心技术，是推理中不可分割的一部分，它直接关系到智能系统的性能和运行效率。在搜索问题中，主要的工作是找到正确的搜索策略。搜索策略反映了状态空间或问题空间扩展的方法，也决定了状态或问题的访问顺序。

（二）搜索的过程

针对一个问题应选择合适的求解方法。问题求解的基本方法有搜索法、规约法、归结法和推理法等。其中，搜索法是最常用的求解方法。

搜索中需要解决的问题包括是否一定有解、是否会陷入死循环、搜到的解是否最优、对空间和时间的消耗程度等。搜索首先将初始状态或目标状态作为当前状态开始出发；其次逐个扫描操作算子集合，将适用于当前状态的操作算子作用于当前状态，从而得到新的状态，并建立指向其父节点的指针；最后检查新生成的状态是否满足结束条件，若满足则得到问题的一个解，并沿着有关指针从结束状态反向到达初始状态，得到一个解的路径，否则将新状态作为当前状态返回至第二步重新进行搜索。

（三）搜索的策略

在搜索策略方法中从给定的问题出发，寻找到能够达到所希望目标的操作序列，并使其付出的代价最小、性能最好，这就是基于搜索策略的问题求解。首先是问题建模，即对给定问题用状态空间图表示。其次是搜索，即找到操作序列的过程，可用搜索算法引导。最后是执行，即执行搜索算法。它的输入是问题的实例，输出表示为操作序列。

因此，求解一个问题包括问题建模、搜索和执行三个阶段。其主要阶段为搜索阶段。一般给定一个问题就是确定该问题的一些基本信息，由以下四个部分组成：①初始状态集合，定义了问题的初始状态；②操作符集合，把一个问题从一个状态变换为另一个状态的动作集合；③目标状态集合，定义了问题的目标状态；④路径费用函数，对每条路径赋予一定费用的函数。其中，初始状态集合和操作符集合定义了初始的状态空间。

二、搜索技术的分类

（一）深度优先搜索

深度优先搜索是一种常用的盲目搜索策略，其基本思想是优先扩展深度最深的节点。在一个图中，初始节点的深度定义为0，其他节点的深度定义为其父节点的深度加1。

深度优先搜索每次选择一个深度最深的节点进行扩展，如果有相同深度的多个节点，则按照事先的约定从中选择一个。如果该节点没有子节点，则选择一个除该节点以外的深度最深的节点进行扩展。依次进行下去，直到找到问题的解而结束；或者再也没有节点可扩展，最后结束，这种情况表示没有找到问题的解。

（二）宽度优先搜索

与深度优先搜索刚好相反，宽度优先搜索是优先搜索深度浅的节点，即每次选择一个深度最浅的节点进行扩展，如果有深度相同的节点，则按照事先约定从深度最浅的几个节点中选择一个。同样是八数码问题，同样用带有圆圈的数字给出了节点的扩展顺序。与深度优先搜索的"竖"向搜索不同，宽度优先搜索体现的是"横"向搜索。

同样都是盲目搜索，宽度优先搜索与深度优先搜索具有哪些不同呢？在单位代价问题中，问题有解的情况下，宽度优先搜索一定可以找到最优解。例如，在八数码问题中，如果移动每个将牌的代价都是相同的，则利用宽度优先算法找到的解一定是将牌移动次数最少的最优解。

但是，在搜索过程中，宽度优先搜索需要保留已有的搜索结果，因此会占用比较大的搜索空间，而且会随着搜索深度的加深成几何级数增加。深度优先搜索虽然不能保证找到最优解，但是可以采用回溯的方法，只保留从初始节点到当前节点的一条路径，这样可以大大节省存储空间，其所需要的存储空间也只与搜索深度呈线性关系。

（三）启发式搜索

由于盲目搜索采用固定搜索方式，具有较大的不确定性，生成的无用节点较多，搜索空间较大，因而效率不高。如果能够利用节点中与问题相关的一些特征信息来预测目标节点的存在方向，并沿着该方向搜索，则有希望缩小搜索范围，提高搜索效率。这种利用节点的特征信息来引导搜索过程的方法被称为启发式搜索。

启发式搜索的具体操作方式是，在生成一个节点的全部子节点之前都将使用一种评估函数判断这个"生成"过程是否值得进行。评估函数按语义对每个节点计算一个整数值，称为该节点的评估函数值。通常，评估函数值小的节点被认为值得进行"生成"的过程。按照惯例，将生成节点 n 的全部子节点称为"扩展节点 n"。在启发式搜索中即在评估函数指引下进行的操作，可以缩小搜索范围，迅速达到目标。

第五节　机器学习

目前，学术界对机器学习的公认定义为，机器学习是一门人工智能科学，此领域的研究对象是人工智能，特别关注如何在经验学习过程中改进算法性能。

机器学习是一门交叉学科，体现多领域、多角度科研融合，涉及概率论、计量经济学、高等数学等多门学科。机器学习的核心研究内容是探索计算机平台如何通过模拟人类行为、模仿人类的思维方式与学习行为等，提高自身获取新知识与技能的能力，重新构架已有的知识体系并借此改善自身性能。通过让计算机自动"学习"来实现人工智能，是计算机智能发展的根本途径，也是现代人工智能的核心环节。

一、机器学习的发展历程

机器学习是人工智能发展到一定时期的必然产物，在20世纪50年代至70年代初，人工智能的研究处于"推理期"，那时的人们以为只要赋予机器逻辑推理能力，机器就能具有智能。在这一阶段也诞生了很多成果，其中具有代表性的主要有美国学者纽厄尔和西蒙的"逻辑理论家"程序，以及此后的"通用问题求解"程序等。然而，随着研究的发展，人们逐渐认识到仅仅具有逻辑推理能力是无法实现人工智能的。费根鲍姆等认为，要使机器学习具有人工智能就必须设法使机器具有知识，在他们的倡导下，人工智能的研究从20世纪70年代中期开始便进入"知识期"。在这一时期，大量专家系统问世，在很多应用领域取得了大量的成果。但人们也意识到专家系统面临"知识工程瓶颈"，即人们把知识总结出来交给计算机是相当困难的。于是，一些学者想到让机器自己去学习知识。事实上，早在1950年图灵在关于图灵测试的文章中就曾提到了机器学习的可能。在20世纪50年代初已有机器学习的相关研究，如塞缪尔著名的跳棋程序。20世纪50年代中后期，基于神经网络的"连接主义"学习开始出现，代表性的工作有心理学家罗森布拉特的感知机、美国工程师威德罗（Widrow）的Adaline等。在20世纪六七十年代基于逻辑表示的"符号学习"技术蓬勃发展，代表性的工作有计算机科学家温斯顿的结构学习系统、犹他州立大学经济学教授亨特（Hunt）等的"概念学习系统"等。之后红极一时的统计学习理论的一些奠基性结果也是在这个时期取得的。

随着研究的不断深入，美国卡耐基梅隆大学于1980年夏天举行了第一届机器学习研讨会；同年，《策略分析与信息系统》连出三期机器学习专辑；然后，《机器学习——一种人工智能的途径》发表，对当时机器学习的研究工作进行了总结，随后第一本机器学习专业期刊《机器学习》*Machine Learning*创刊；1989年，人工智能领域的权威期刊《人工智能》*Artificial Intelligence*出版机器学习专辑，刊发了当时一些比较活跃的研究工作。总的来看，20世纪80年代是机器学习成为一个独立的学科领域、各种机器学习技术百花绽放的时期。

美国伊利诺伊大学米卡尔斯基（Michaelski）等把机器学习研究细分为从样例中学习、从问题求解和规划中学习、通过观察和发现学习、从指令中学习等种类。其中，从样例中学习是研究最多、应用最广的机器学习技术，它涵盖了监督学习和无监督学习等，本书大部分内容在此范畴内。下面对其发展进行简单回顾。

在 20 世纪 80 年代，从样例中学习的一大主流是符号主义学习，其代表有决策树和基于逻辑的学习。典型的决策树学习以信息论为基础，以信息熵的最小化为目标，直接模拟了人类对概念进行判定的树形流程。基于逻辑的学习的著名代表是归纳逻辑程序设计，可以将其看作机器学习与逻辑程序设计的交叉。这两种方法各有特点，决策树简单易用，直至今天仍然是机器学习的常用技术之一。基于逻辑的学习具有很强的知识表达能力，可以较容易地表达出复杂的数据关系。在 20 世纪 90 年代中期之前，从样例中学习的另一主流技术是基于神经网络的连接主义学习。连接主义学习在 20 世纪 50 年代取得了较大发展，但因为早期人工智能的研究者对符号表示出偏爱，而且连接主义自身也遇到了一定的障碍，当时的神经网络只能处理线性问题甚至都处理不了异或类问题。直到霍普菲尔德利用神经网络求解"流动推销员问题"这个著名的非确定性（non-deterministic，NP）难题取得重大进展后，人们才重新对连接主义加以关注。1986 年，鲁姆哈特等发明了著名的反向传播算法，产生了深远的影响，使得连接主义的发展突飞猛进。另外，反向传播算法一直是应用很广泛的机器学习算法之一。

20 世纪 90 年代中期，统计学习开始崭露头角并迅速成为从样例中学习的主流技术。它的代表性技术是支持向量机与核方法。实际上，早在 20 世纪六七十年代就已经开始了这方面的研究，统计学习理论在那个时候就已经得到了一定的发展。然而，直到 20 世纪 90 年代，它才成为机器学习的主流技术。一方面，这是因为在 20 世纪 90 年代初期才提出有效的支持向量机算法，并且其在文本分类应用中展示出了卓越的性能。另一方面，正是在揭示了连接主义学习技术的局限性之后，人们才将目光转向统计学习理论所支持的技术。随着支持向量机的广泛发展，核技巧在机器学习的各个领域得到了应用，成为机器学习的一个基本内容。

在 21 世纪初期，随着社会进入大数据时代，数据量和计算设备的大发展使得连接主义技术焕发出新的生机，形成了以"深度学习"为名的热潮。所谓的深度学习，从狭义上来说，就是很多层的神经网络。在若干测试和竞赛上，尤其涉及语音、图像等复杂对象的应用中，深度学习技术取得了优越的性能。虽然深度学习模型复杂度高、参数较多，但如果下功夫把参数调节好，其性能往往较好。因此，深度学习虽然缺乏严格的理论基础，但是显著降低了机器学习应用者的门槛，为机器学习走向工程实践带来诸多便利。

二、机器学习的主要任务

（一）回归

回归任务源于概率论与数理统计中的回归分析。在这类任务中，算法需要对给定的输入预测数值。

在统计学中，变量之间的关系可以分为两类。

①确定性关系，这类关系可以用 $y = f(x)$ 来表示，x 给定后，y 的值就唯一确定了。

②非确定性关系，即所谓的相关关系。具有相关关系的变量之间具有某种不确定性，不能用完全确定的函数形式表示。尽管如此，通过对它们之间关系的大量观察，仍可以探索出它们之间的统计学规律。

回归分析研究的正是这种变量与变量之间的相关关系。回归任务通常解决带有预测性质的问题，它和分类任务是很像的（除了返回结果的形式不一样，回归分析返回的结果是预测数值）。

例如，输入之前股市某一证券的价格来预测其未来的价格就属于一个回归任务。线性回归算法通过拟合绘制在统计图上的价格数据（实际上数据很多）来得到一个近似的价格和时间之间的函数，通过这个函数就能精准地预测将会出现的价格。鉴于此，这一类的预测会经常被用在交易算法中。

（二）分类

分类任务最终的目的是通过机器学习算法将输入的数据按预设的类别进行划分。完成这种任务的过程大致可以表示成如下函数。

$$f: R^n \to \{1, \cdots, k\}$$

式中，R^n 代表输入，分类的类别有 $1, \cdots, k$，共 k 种。

设输入数据为 x，当存在 $y = f(x)$ 时，可以判定数字码 y 代表输入 x 的类别。在有些情况下，$f(x)$ 输出的值可能是一组概率分布数字，此时输入所属的类别就是这组数字中较大的那个。

MNIST 手写字识别是最基础的分类任务。该任务输入的是几万张 28 像素 × 28 像素的黑白图片，图片上有手写的数字 0 ～ 9，要求将这些手写字图片根据其上所写数字进行分类。

对象识别是计算机进行人脸识别的基本技术，属于分类任务中比较复杂的一种。典型的情况是，在输入的图片或视频中框选出需要找出的对象并进行标注，如图片中的人是男是女、视频中服务员手里拿的是咖啡还是可乐。对象识别的复杂度会随着输入数据量的增大及对象类别的增多而上升。人脸识别技术可用于标记相片或视频中的人脸，这将更好地帮助计算机与用户进行交互。

（三）机器翻译

机器翻译任务通常适用于对自然语言的处理，如输入的是汉语，形式可能是文本或音频等，计算机通过机器学习算法系统将其转换为另一种语言，如英语或德语，形式也有可能是文本或音频等。

容易和机器翻译发生混淆的是自然语言处理。自然语言处理的目的是实现人机间的自然语言通信。从这点上来看，自然语言处理似乎和人脸识别技术殊途同归。实现机器的自然语言理解或生成是十分困难的，这些困难往往是由自然语言文本和对话的各个层次上广泛存在的各种各样的歧义性或多义性所造成的。

（四）异常检测

在这类任务中,计算机程序会根据正常的标准在一组事件或对象中进行筛选，并对不正常或非典型的个体进行标记。

挑选传送带上合格的产品是异常检测任务的一个典型案例，另一个典型案例是信用卡或短信诈骗检测。

对于一个异常检测任务而言，难点就在于如何对正常的标准进行算法建模，这往往需要进行大量的观察。

（五）去噪

干净的输入样本 X（样本可能是图片、视频或录音等）经过未知的损坏过程后会得到含有噪声的输入样本 x^n。

在去噪任务中会将含有噪声的输入样本经过某一算法得到未损坏的样本，或者在得到干净的输入样本 X 之后进行其他任务，如分类或回归等。

（六）结构化输出

结构化输出指的是这类任务的输出数据包含多个独立的值，而且每个值之间存在重要的关系，只是对于输出数据的结构没有过多的限制。

例如，对图像进行像素级分割，将每一个像素分配到特定类别。这种情况通常在汽车自动驾驶时出现，摄像头将道路情况扫描出来，深度学习算法会将道路上的内容进行分类（类别可能是路障、斑马线或路中线等），之后根据这些类别数据操作汽车的行驶状态。

理解"每个值之间存在重要的关系"十分重要，这也是这类任务之所以被称为结构化输出的原因。例如，图片的描述必须是一个通顺的句子。

（七）转录

"转录"一词经常会出现在生物学领域，指的是遗传信息从脱氧核糖核酸（DNA）流向核糖核酸（RNA）的过程，即以双链 DNA 中确定的一条链（模板链用于转录，编码链不用于转录）为模板，以腺嘌呤核苷三磷酸$^+$（ATP）、三磷酸胞苷$^+$（CTP）、三磷酸鸟苷（GTP）、三磷酸尿苷（UTP），四种核苷三磷酸为原料，在 RNA 聚合酶催化下合成 RNA 的过程。

机器学习中，转录任务会对一些非结构化或难以描述的数据进行转录，使其呈现为相对简单或结构化的形式。例如，输入一张带有文字的图片，经过算法后将图片中文字输出为文字序列（ACSII 码或 Unicode 码）。也可以输入语音，输入的音频波形在经过算法之后会输出相应的字符或单词 ID 的编码。

三、机器学习的基本分类

（一）监督学习

监督学习是指在存在标记的样本数据中进行模型训练的过程，是机器学习中应用最为成熟的学习方法。其中，数据存在标记的主要功能是提供误差的精确度量，也就是当数据输入模型中得到模型预测值时，能够与真实值进行比较得到误差的精确度量。在监督学习的过程（即建立预测模型的过程）中，可以根据误差的精确度量对预测模型不断进行调整，直到预测模型的结果达到一个预期的准确率，这样模型的准确性可以得到一定的保证。监督学习常见的应用场景有分类问题和回归问题。两者的区别主要在于待预测的结果是否为离散值，若待预测的数据是离散的（如"好瓜""坏瓜"），此类学习任务被称为"分类"；若待预测的数据为连续的（如西瓜的成熟度为 0.96、0.95、0.94），则此类任务被称为"回归"。在分类问题中只涉及两个类别的分类问题，人们一般称其中一个为正类，另一个为反类。当涉及多个类别时，则称为多分类任务。常见的监督学习应用包括基于回归或分类的预测性分析、垃圾邮件检测、模式检测、自然语言处理、情感分析、自动图像分类等。

（二）无监督学习

与监督学习相对应，在不存在标记的样本数据中建立机器学习模型的过程被称为无监督学习。因为不存在标记数据，所以没有绝对误差的衡量。在无监督学习中得到的模型大多是为了推断一些数据的内在结构，其中应用最广、研究最多的就是"聚类"，其可以根据训练数据中数据之间的相似度，对数据进行聚类（分组）。经过聚类得到的族也就是形成的分组可能对应一些潜在的概念划分，进而厘清数据的内在结构。例如，一批图形数据通过聚类算法可以将三角图形确定一个集合、圆点图形确定一个集合。经过这样的过程可以为下一步具体的数据分析建立基础，但需要注意，聚类过程仅能自动形成族结构，但是族对应的具体语义要使用者来进行命名和把握。其实，从过程也可以看出，无监督学习方法在于寻找数据集的规律性，这种规律性不一定要达到划分数据集的目的，即不一定要对数据进行"分类"，而且无监督学习方法所需训练数据是不存在标记的数据集，这就使得无监督学习要比监督学习用途更广，如分析一堆数据的主分量或分析数据集有什么特点都可以归为无监督学习。常见的无监督应用包括对象分割、相似性检测、自动标记、推荐引擎等。

（三）弱监督学习

弱监督学习是指在训练数据中只有部分数据带有标签信息，同时大量数据是没有被标注过的，如医学影像、用户标签等类似数据集。

1. 半监督学习

标记样本的数量占所有样本的数量比例较小，直接监督学习方法不可行，用于训练模型的数据不能代表整体分布，如果直接采用无监督学习则造成有标记数据的浪费。半监督学习处于有监督学习和无监督学习的折中位置。

在半监督学习中，尽管未标注的样本没有明确的标签信息，但是其数据分布特征与已标注样本的分布往往是相关的，这样的统计特征对于预测模型是十分有用的。半监督学习的基本思想是利用数据分布上的模型假设建立学习模型，从而对未标注数据进行标注，即半监督学习希望得到一个模型对于未标注数据进行标注，这样半监督学习就可以基于整个具有标注的样本数据进行训练，并寻找最优的学习方法。由此也可以看出，如何综合利用已标注数据和未标注数据是半监督学习要解决的问题。

2. 强化学习

强化学习又称再励学习、评价学习或增强学习，是一类特殊的机器学习算法。强化学习是让计算机实现从一开始完全随机的操作，通过不断尝试，从错误中学习，最后找到规律，学会达到目的的方法，即计算机在不断地尝试中更新自己的行为，从而一步一步学习如何操作得到高分。强化学习主要包含智能体、环境状态、行动、奖励四个元素。强化学习的训练数据不具有标签值，在进行强化学习的过程中，系统只会给算法执行动作一个评价反馈，而且反馈还具有一定的延时性，当前的动作产生的后果在未来会得到完全的体现。强化学习与连接主义学习中监督学习的不同主要表现在强化信号上，强化学习中由环境提供的强化信号是对产生动作的好坏进行评价，而不是告诉强化学习系统如何去产生正确的动作。由于外部环境提供的信息很少，递推最小二乘法（RLS）必须靠自身的经历进行学习。通过这种方式，RLS 在行动评价的环境中获得知识，改进行动方案以适应环境。

强化学习借鉴了动物学习和自适应控制理论的思想。其基本原理是通过不断试探和评价的过程，使智能体能够学习到在给定环境下为获取最大奖励而采取的最优策略。在强化学习中，智能体与环境进行交互。智能体选择一个动作作用于环境，环境接受动作，并根据规定的转移规则将状态从一个状态转移到另一个状态，并产生一个强化信号（奖励或惩罚）反馈给智能体。智能体根据当前状态和强化信号选择下一个动作，选择的原则是使受到正强化（奖励）的概率增大。智能体的目标是在每个离散状态下发现最优策略以使期望的奖赏最大化。智能体会不断地在环境中进行试探，通过观察强化信号的反馈来评估所采取策略的好坏，并根据评估结果调整策略。选择的动作不仅影响当前的强化值，还会影响环境下一时刻的状态以及最终的强化值。

四、机器学习实践五要素

要通过机器学习来解决一个特定的任务时，我们需要准备五个方面的要素。

（一）数据

实践中，数据的质量会在很大程度上影响模型最终的性能，通常数据预处理是机器完成学习实践的第一步，噪声越少、规模越大、覆盖范围越广的数据集往往能够训练出性能更好的模型。数据预处理可分为两个环节：先对收集到的数据进行基本的预处理，如基本的统计、特征归一化和异常值处理等，再将数据划分为训练集、验证集和测试集。

1. 训练集

用于模型训练时调整模型的参数，在训练集上的损失被称为训练误差（经验误差或经验风险）。

2. 验证集

对于复杂的模型，常常有一些超参数需要调节，因此首先需要尝试用多种超参数的组合来分别训练多个模型，其次对比它们在验证集上的表现，选择一组相对最好的超参数，最后再使用这组参数下训练的模型在测试集上进行模型评价。

3.测试集

测试集用于评价模型的好坏。机器学习的目的是从训练数据中总结规律，并用规律来预测未知数据。因此，测试集上的评价指标更能反映模型的好坏。

数据划分时要考虑两个因素：更多的训练数据会降低参数估计的方差，从而得到更可信的模型；更多的测试数据会降低模型评价的方差，从而得到更可信的模型评价。如果对给定的数据没有做任何划分，我们一般可以大致按照 7：3 或 8：2 的比例来划分训练集和测试集，再根据 7：3 或 8：2 的比例从训练集中再次划分出训练集和验证集。

（二）模型

有了数据后，我们可以用数据来训练模型，即让计算机从一个函数集合 $F=\{f_1(x), f_2(x), \cdots\}$ 中自动寻找一个"最优"的函数 $f^*(x)$ 来近似每个样本的特征向量 x 和标签 y 之间的真实映射关系。函数集合 F 也称为假设空间。在实际问题中，假设空间 F 通常为一个参数化的函数簇。

$$F=\{f(x; \theta | \theta \in R^D)\}$$

式中，$f(x; \theta)$ 是参数为 θ 的函数，也被称为模型；D 是参数的数量。

常见的假设空间可以分为线性和非线性两种。线性模型的假设空间为一个参数化的线性函数族，即

$$f(x; \theta) = \omega^T x + b$$

式中，参数 θ 包含了权重向量 ω 和偏置 b。

线性模型可以由非线性基函数 $\varphi(x) = [\varphi_1(x), \varphi_2(x), \cdots, \varphi_K(x)]^T$ 为 K 个非线性基函数组成的向量，参数 θ 包含了权重向量 ω 和偏置 b。

（三）学习准则

为了衡量一个模型的好坏，我们需要定义一个损失函数（Loss Function）。损失函数是一个非负实数函数，用来量化模型预测标签和真实标签之间的差异。常见的损失函数有平方损失函数、交叉熵损失函数等。

机器学习的目标是使得模型在真实数据分布上损失函数的期望最小。然而，在实际应用中，我们无法获得真实数据分布，通常会使用训练集上的平均损失替代。

通常情况下，我们可以通过使得经验风险最小化来获得具有预测能力的模型。

然而，当模型比较复杂或训练数据量比较少时，经验风险最小化获得的模型在测试集上的效果比较差，而模型在测试集上的性能才是我们真正关心的指标。当一个模型在训练集上错误率很低，而在测试集上错误率较高时，通常意味着发生了过拟合现象。为了缓解模型的过拟合问题，我们通常会在经验损失上加上一定的正则化项来限制模型能力。

过拟合通常是由于模型复杂度比较高引起的。在实践中，最常用的正则化方式是对模型的参数进行约束，这样我们就得到了结构风险。

$$R_D^{struct}(\theta) = R_D^{emp}(\theta) + \lambda e_p(\theta)$$

式中，λ 为正则化系数，$p = 1$ 或 $p = 2$ 表示 e_1 或 e_2 范数。

（四）优化算法

给定学习准则之后，机器学习问题就转化为优化问题，我们可以利用已知的优化算法来求解最优的模型参数。当优化函数（即模型 + 风险函数）为凸函数时，可以直接令风险函数关于模型参数的偏导数等于 0 来计算最优参数的解析解。当优化函数为非凸函数时，可以用一阶优化算法来进行优化。

目前，机器学习中最常用的优化算法是梯度下降法。在使用梯度下降法时要十分注意学习率的设置。过高的学习率会导致训练不收敛，而过低的学习率会使得训练效率降低。

当使用梯度下降法进行参数优化时，还可以使用早停法避免模型在训练集上过拟合。早停法是一种常用且十分有效的正则化方法。在训练过程中引入验证集，如果验证集上的评价指标或损失不再下降，就提早停止模型的优化过程。

（五）评价指标

评价指标用于评价模型效果，即给定一个测试集，用模型对测试集中的每个样本进行预测，并根据预测结果计算评价分数。回归任务的评价指标一般使用预测值与真实值的均方误差，而分类任务的评价指标一般使用准确率、召回率、F_1 值等。

第六节　人工神经网络

一、人工神经网络的发展历史

20 世纪 80 年代末期，用于人工神经网络的反向传播算法的发明，给机器学习带来了希望，掀起了基于统计模型的机器学习热潮。人们发现，利用反向传播算法可以让一个人工神经网络模型从大量训练样本中学习统计规律，从而对未知事件做出预测。与过去基于人工规则的系统相比，这种基于统计的机器学习方法在很多方面显示出优越性。

继反向传播算法提出之后，20 世纪 90 年代，支持向量机等各种各样的机器学习方法被相继提出。这些模型的结构带有一层隐层节点或没有隐层节点，所以又被称为浅层学习方法。由于神经网络理论分析的难度大，训练方法需要很多经验和技巧，在有限样本和有限计算单元情况下对复杂函数的表示能力有限，所以针对复杂分类问题其泛化能力受到了一定的制约。

2006 年，辛顿提出了深度学习的概念，掀起了深度学习的浪潮。深度学习通过无监督学习实现"逐层初始化"，有效降低了深度神经网络在训练上的难度，特别是传统的机器学习技术在处理未加工过的数据时，需要设计一个特征提取器，把原始数据（如图像的像素值）转换成一个适当的内部特征表示或特征向量。深度学习是一种特征学习方法，能够把原始数据转变成更高层次的、更加抽象的表达。深度学习的实质是通过构建具有很多隐层的机器学习模型和海量的训练数据来学习更有用的特征，从而提高分类或预测的准确性。

深度学习采用含有多层隐层节点的网络结构，通过逐层特征变换将样本的特征表示从原空间转换到新的特征空间，从而更容易进行分类或预测。相比于人工规则构造特征的方法，深度学习通过对大量数据运用来学习特征，并发现其中的复杂结构。深度学习通过构建深度神经网络来进行，其网络结构符合神经网络的特点，层次较深，能够获得更好的表达和学习能力。深度神经网络由多个单层非线性网络叠加而成。

二、人工神经网络的概念

神经网络是由若干个简单的处理单元彼此按照某种方式相互连接而成的计算系统，该系统是依靠其状态对外部输入信息的动态响应来处理相关信息的。人工神经网络是由大量具有适应性的处理元素（神经元）组成的广泛并行互联网络，能够模拟生物神经系统对自然界物体所做出的交互反应。人工神经网络的基本处理单元是神经元，其是以生物神经细胞为基础建立的数学模型。

人工神经网络起源于 20 世纪 40 年代美国心理学家麦卡洛克和数学家皮茨提出的麦卡洛克 - 皮茨模型；1949 年，心理学家唐纳德·赫布（Donald Hebb）提出神经系统的学习规则——赫布（Hebbian）规则，开启了对智能算法的研究；

1957 年，罗森布拉特提出感知器模型，将人工神经网络算法的研究从理论层面转为工程实践应用方面，掀起了人工神经网络研究的第一次高潮。20 世纪 60 年代，由于人们过于推崇数字计算机，而放松了对感知器的研究，使得人工神经网络的研究进入低潮。直至 1982 年，物理学家霍普菲尔德提出离散的神经网络模型，重新将神经网络的研究带回前沿，并且提出了连续神经网络模型，开拓了计算机应用神经网络的新途径。1986 年，鲁姆哈特等提出多层网络的误差反传学习算法，即反向传播算法，成为目前应用范围较广的人工神经网络算法之一。

三、人工神经网络的结构

作为单体的神经元（或感知器）结构比较简单，其包含和处理的信息量较小，因此无法应对较为复杂的情况。为了解决这个问题，需要将大量的神经元有效地组织起来，构成一个有机的整体。所谓神经网络，就是按照一定规则连接起来的多个神经元的整体架构。

在神经网络架构中，神经元按照层级结构进行布局。神经网络结构包括输入层、隐含层和输出层三个层次。

（一）输入层

神经网络左边的是输入层，该层负责向神经网络内部输入外界的数据。输入层通常只有一层，其节点数目与描述问题的参数总数成正比。越复杂的系统，可描述的参数越多，输入层所需的神经元节点也就越多。

（二）隐含层

输入层和输出层之间的神经元构成的处理层被称为隐含层，这些神经元对于外部来说是不可见的。隐含层是标志整个神经网络系统复杂度的关键层，对于神经网络处理问题的能力具有决定性作用，因此神经网络的设计主要是指隐含层的结构设计。在经典的神经网络结构中，隐含层通常只有 1 ～ 2 层，神经元之间通常采用全连接结构。面向深度学习的神经网络的隐含层的层数较多，结构也更加复杂。在神经网络中，同一层的神经元之间是没有连接的。神经元通常只与自己相邻的下一层神经元进行连接。一般来说，各个神经元可以发出的连接数是不固定的，特别是如果一个神经网络系统第 N 层的每个神经元与第 $N-1$ 层的所有神经元都有连接，那么就构成了全连接神经网络。

神经元之间的每一个连接都有一个独立的权重系数。与单体的神经元类似，神经网络中的各权重系数也需要利用大量的训练数据进行迭代计算和优化配置。对于不同的应用，各权重系数的取值是不同的。一个经过优化的神经网络系统才能用来求解问题。

（三）输出层

神经网络右边的是输出层，通过神经网络处理之后的数据结果就从这一层进行输出。输出层通常也只有一层，其节点数目与神经网络系统分析结果的属性维度有关。

四、人工神经网络的分类

神经元之间通过连接形成了多种多样的神经网络。这些连接方式不但决定了神经元网络的结构和信号处理方式，而且决定了神经网络的性能和特点。

神经网络模型可以按照不同的标准进行分类，常见分类方式有两种，即按照网络拓扑结构分类和按照网络信息流向分类。按照网络拓扑结构，可将神经网络分为层次型网络结构和互连型网络结构，对于层次型网络结构又可根据层间神经元的连接方式分为单纯型层次网络结构、输出层到输入层有连接的层次网络结构和层内有互连的层次网络结构。按照网络信息流向，可将神经网络分为前馈型网络与反馈型网络。

（一）按照网络拓扑结构

1. 层次型网络结构

（1）单纯型层次网络结构

在单纯型层次网络结构中，神经元按照功能分为若干层，分别是输入层、中间层和输出层，神经元分层排列，各层神经元接收前一层的输入信息并将信息输出到下一层，每层内部的神经元互不相连，神经元自身也不相连。

（2）输出层到输入层有连接的层次网络结构

在输出层到输入层有连接的层次网络结构中，输出层与输入层之间存在连接路径。不同于单纯型层次网络结构，输入层的神经元既负责接收来自外界的输入信息，还负责处理信息。

（3）层内有互连的层次网络结构

层内有互连的层次网络结构的特点是在同一层内神经元相互连接，能够控制同时激活的神经元数量，便于实现每层神经元的自组织。

2. 互连型网络结构

在互连型结构神经网络模型中，任意两个神经元之间都有可能相互连接。其中，有的神经元之间有双向连接，有的神经元之间只有单向连接。不同的互连型结构神经网络中，神经元之间的连接程度也不尽相同。常见的互连型结构神经网络有 Hopfield 神经网络和 Boltzmann 神经网络。

（二）按照网络信息流向

1. 前馈型网络

根据网络结构的不同，前馈型网络可以分为单纯前馈型网络和多层前馈型网络。

（1）单纯前馈型网络

单纯前馈型网络包括输入层、隐含层和输出层。其中，输入层负责接收外界输入的信息，并将信息传递给中间的隐含层；隐含层负责处理信息，并将处理结果传递给输出层。单纯前馈型网络的信息处理具有逐层传递的方向性，一般不存在反馈环路。

（2）多层前馈型网络

多层前馈型网络在输入层和输出层之间引入了多个隐含层，通常用一个有向无环路的图来表示。由于多层前馈型网络的训练经常采用误差反向传播算法，人们也常将多层前馈型网络称为反向传播网络。

2. 反馈型网络

在反馈（递归）神经网络中，多个神经元互连以组成一个互连神经网络。有些神经元的输出反馈至同层或前层神经元，因此信号能够从正向和反向流通。反馈神经网络将整个网络视为整体，神经元之间相互作用，计算也是整体的。其输入数据决定反馈系统的初始状态，然后系统经过一系列的状态转移后逐渐收敛于平衡状态，即反馈神经网络经过计算后的输出结果。Hopfield 神经网络是最典型的反馈网络。

第四章 人工智能的支撑技术

当人们谈到人工智能时，总离不开物联网、云计算和大数据技术。在学科上，它们相互独立，有着各自的技术生态圈，但在应用上，它们又互相联系、互相影响。物联网、云计算和大数据为人工智能提供了海量数据分析和强大的计算能力，为人工智能的发展提供了基本的动力，而人工智能的突飞猛进也为物联网、云计算和大数据提供了新的机遇。本章围绕物联网助力人工智能、云计算助力人工智能和大数据助力人工智能三方面展开研究。

第一节 物联网助力人工智能

物联网和人工智能之间有着紧密的关系。物联网通过传感器、设备、终端等连接各种物理实体，还可以收集大量的数据，并将其传输到中心服务器进行处理和分析。人工智能可以利用这些数据进行学习和决策，从而实现更智能的应用。具体来说，人工智能可以通过对物联网数据的分析，识别模式、预测趋势、做出决策，并在需要时自动控制物联网中的设备。本节就物联网与人工智能的相关内容展开研究。

一、物联网技术的基本概述

（一）物联网技术的内涵

物联网是将周围的常见事物接入互联网而形成的。其中，最具代表性的技术产品是智能手机和智能电视。物联网在感知用户的反应或动作后，会根据网络上的庞大信息，采取最适合的行动。以智能电视为例，普通的电视需要使用者手动选择频道，但是智能电视会根据使用者的命令直接选择合适的频道，如发出命令"搜索符合下雨氛围的音乐节目""重新播放昨天的儿童动画节目"等，智能电视就会执行相应操作。物联网可分为私有物联网、公有物联网、社区物联网和混合物联网四种类型。

1. 私有物联网

私有物联网具有私有性、单一性，是某个机构内部提供的服务，多用于机构内网。

2. 公有物联网

公有物联网是向大众提供服务的，面对的是大型用户群体。

3. 社区物联网

社区物联网是指在某个有关联的"社区"内提供服务的物联网。

4. 混合物联网

混合物联网是以上两种或两种以上相组合的物联网，但其组合有统一的运作维护实体。

物联网的本质体现为以下四个方面：①纳入物联网的物体具备自动识别和物物通信的功能；②物联网和互联网的本质都是信息的传递；③物联网具有自动化、自我反馈和智能控制的智能化特征；④物联网与云计算结合具备了大数据处理本质特征的能力。

（二）物联网技术的基本特征

从已有物联网的研究成果来看，物联网与传统互联网相比较有如下特点。

1. 全面感知

全面感知是指在任何时间、任何地点，使用传感器网络、射频识别技术（RFID）等对物体进行信息的采集。物联网广泛运用了多种感知技术。在物联网中，大量各种异构类型传感器被部署在其中，每一个独立传感器就是一个重要的信息来源，种类不同的传感器采集到的信息在内容与格式上都会有所不同。传感器所获取的数据是实时传递和不断更新的。

2. 可靠传输

把多种电信网络和互联网充分结合在一起，达到实时、精确地传输数据和信息的目的。互联网的网络是物联网发展传播的基础。物联网技术中最重要的基础及核心还是互联网，借助多种有线及无线网络与互联网进行充分整合，物联网就可以对对象的信息进行精准传输。物联网中的信息因数量异常巨大而形成海量数据，为保证海量数据传输时的正确与及时，需要对多种异构网络与协议进行适配。

3. 智能处理

采用多种智能计算技术包括但不限于云计算、模糊识别等来分析与处理大量数据与信息，实现对物体的智能化控制。在提供基于传感器感知的同时，物联网自身还具备一定的智能处理能力。通过传感器与智能处理的结合，物联网借助多种智能技术包括但不限于云计算、模糊识别等拓展了应用领域。对传感器中所获取的大量数据信息进行分析、加工与处理，得到有意义的信息，从而满足不同用户的个性化要求，并探索新的应用领域与应用模式。

以上三个基本特征对物联网的内涵延伸产生了重要的影响。

（三）物联网技术的应用场景

1.可穿戴设备

可穿戴设备是指在接入物联网的同时，又可穿戴在身上的便携设备（如手表、衣帽、鞋子和配饰等）。当这些设备被穿戴在身上时，它就会时刻记录人的身体状态，如心率、运动量和血压等。这些信息会通过互联网发送到医院，医生再将这些信息用于保健及治疗疾病。此外，还有一种可穿戴的外骨骼，能检测出全身麻痹患者的脑电波和精细的肌肉运动情况，帮助患者行走。因此，可穿戴的医疗保健产品能极大地改善患者的生活质量。

2.智能汽车

智能汽车是一种无人驾驶汽车，即不依靠驾驶员操作而自动行驶的汽车。它会根据周围的环境和信息来分析位置，自动调整车距和速度，安全地将人员或货物运输到目的地。因此，智能汽车可以防止司机在驾驶汽车时可能出现的危险动作，如超速行驶、疲劳驾驶、酒后驾驶等。

3.无人驾驶飞机

无人驾驶飞机，简称无人机。它是一种智能飞机，能在无人状态下借助螺旋桨飞行。无人机不需要跑道，而且体积很小。无人机内部空间有限，因此它通常被用于短距离的航拍或运输。有了无人机，人们随时随地接收网购的食物（如鸡肉等）将不再是天方夜谭。

（四）物联网技术的社会贡献

物联网技术对社会发展的贡献主要表现在以下三个方面。

1.促进学科交叉融合

支撑信息技术的三个主要支柱是感知、通信与计算，它们分别对应于电子科学、通信工程与计算机科学三个重要的工程学科门类。电子科学、通信工程与计算机科学这三门学科的高度发展与交叉融合，为物联网技术的产生与发展奠定了重要的基础，形成了物联网"多学科交叉"的特点。物联网能够实现"信息世界与物理世界""人—机—物"的深度融合，使人类对客观世界具有更透彻的感知能力、更全面的认知能力、更智慧的处理能力。作为集成创新平台，物联网联系着各行各业与社会生活的各个方面，为新技术的交叉、技术与产业的融合创造了前所未有的机遇。物联网的应用将全方位地推动世界经济、科学、文化、教育、军事与政府管理模式的变革，为社会进步注入强大的发展动力。

2. 带动产业升级转型

物联网将成为继计算机、互联网与移动通信之后的下一个产值可以达到万亿元级的新经济增长点，接入物联网的设备数量可能要超过百亿量级，这些已经成为世界各国的共识。这也预示着信息技术将会在人类社会发展中发挥更为重要的作用，为信息产业创造出更加广阔的发展空间。物联网将对各个行业产生巨大的辐射和渗透作用，带动产品、模式与业态的创新，进而促进整个国民经济的发展。

3. 渗透到各行各业

物联网具有跨学科、跨领域、跨行业、跨平台的综合优势，以及覆盖范围广、集成度高、渗透性强、创新活跃的特点，将形成支撑工业化与信息化深度融合的综合技术与产业体系。从系统性与层次性的角度来看，物联网应用可以分为单元级、系统级、系统之系统级三个层次。物联网可以小到一个智能部件、一个智能产品，大到整个智能工厂、智能物流、智能电网。物联网应用也从单一部件、单一设备、单一环节、单一场景的局部小系统不断向复杂大系统的方向发展。

二、物联网技术的系统组成

前面对物联网的概念进行了阐述，并对物联网技术的基本特征、应用场景及物联网技术对社会的贡献进行了深入分析。但是，对物联网进行透彻而清晰的理解，不能脱离和割裂对其体系架构与技术发展视角下系统组成的理解。

（一）物联网技术的感知互动层

从系统架构的角度来看，物联网可以被划分为感知互动层、网络传输层和应用服务层三个主要层次。

位于整个系统底层的是感知互动层。感知互动层包括众多具备感知与识别功能的设备，这些设备能够被放置在全球任何地点和环境中，而且对其感知与识别的对象没有限制。感知互动层的主要功能为感知与识别对象并采集环境信息。感知互动层的研究重点包括传感器技术、RFID 技术等。

1. 传感器技术

物联网要实现感知功能就必须依靠传感器，传感器技术是物联网底层终端技术，它在物联网底层终端技术中发挥着基础性作用。它是物物互联之本，对于实现物联网感知功能至关重要。由于传感器技术的支撑作用，物物互联成为可能，同时也是互联网扩展到物联网的前提。

传感器最大的作用是帮助人们完成对物品的自动检测和自动控制。目前，传感器的相关技术已经相对成熟，并被应用于多个领域，如地质勘探、航天探索、医疗诊断、商品质检、交通安全、文物保护、机械工程等。

传感器是检测和采集装置，它能够对被测试的信息进行感知和采集，并且能够根据具体要求把感知到的信息转换为电信号或其他需要的信号输出，最后通过传感网络传送给计算机，从而达到对信息进行传递、加工、变换、储存、显示、记录与控制的目的。

（1）传感器的组成

传感器物理组成主要包括敏感元件、转换元件和信号调理及转换电路三大部分。

敏感元件能直接感应相应的物体；转换元件也叫作传感元件，主要作用是将其他形式的数据信号转换为电信号；信号调理及转换电路可以调节信号，将电信号转换为可供人和计算机处理、管理的有用电信号。

①敏感元件。对所测得的物理量有直接的感应，输出的物理量与所测得物理量之间有确定关系。

②转换元件。以敏感元件的输出信号为输入信号，把输入信号转换成电路参数，如电阻、电感、电容，或者转换成电流、电压等电学量。

③信号调理及转换电路。将转换元件输出的电路参数接入信号转换电路，并将其转换成电学量输出。实际上，有些传感器很简单，仅由一个敏感元件（兼作转换元件）组成，它能够在感受被测量的同时直接输出电学量，如热电偶；有的传感器由敏感元件加转换元件构成，不设信号转换电路；有的传感器转换的元件不止一种，需要进行几次转换。

（2）传感器的特点

传感器具有微型化、数字化、多样化、智能化、多功能化、系统化、网络化的特点，是自动控制、自动传输、自动检测首要环节的重要器件。传感器的出现与发展使得对象具有触觉、味觉和嗅觉的感官能力，从而使得对象"活"起来。

（3）传感器的分类

传感器在人类感知中扮演着重要的角色，它们能够将外界信息转换为电信号，从而被人类所感知。根据不同的应用场景和感知需求，可以选择不同类型的传感器。例如，温度传感器、湿度传感器、压力传感器、位移传感器、流量传感器、液位传感器、力传感器、加速度传感器、转矩传感器等。同时，根据传感器的工作原理，也可以将其划分为电学式传感器、磁学式传感器、光电式传感器、电势型传感器、电荷传感器、半导体传感器、谐振式传感器、电化学式传感器等。

（4）智能传感器

所谓智能传感器就是将传感器、制动器及电子电路有机地结合在一起，或者将传感元件及微处理器有机地结合起来，具有监控和处理功能。智能传感器的最大特点就是输出数字信号以便于后面的计算处理。智能传感器具有信号感知、信号处理、数据验证与判读、信号传输与转换功能，其主要构成部件包括但不限于收发器、微控制器、放大器。

智能传感器具有高精度、高分辨率、高可靠性、高自适应性和高性价比的特点。它通过数字处理技术获得高信噪比，保证了测量精度；通过数据融合和神经网络技术，在多参数状态下仍能准确测量特定参数；自动补偿功能消除了工作条件和环境变化对系统特性的影响，消除因工作条件和环境变化而导致系统特性漂移的问题，并在优化传输速度的前提下，使系统工作在最佳低功耗条件下，确保了系统运行的可靠性；利用软件进行数学处理，使智能传感器具有判断、分析和处理功能，增强了系统的自适应性；使用可大规模制造的集成电路工艺与微机电系统（MEMS）工艺确保高性价比。

作为新一代感知与自知能力的代表，智能传感器是未来智能系统的关键组成部分，受到物联网、智慧城市、智能制造等旺盛需求的推动。通过元器件级别智能化系统设计可实现智能传感器的食品安全应用与生物危险探测。

2.RFID 技术

RFID 技术采用无线射频方式实现非接触式双向通信来实现目标识别和数据交换。RFID 技术能够对多目标进行识别，对运动目标进行鉴别，易于通过互联网对物品进行识别、追踪与管理，所以备受人们的重视。电子产品编码是一种兼容国际物品编码协会（EAN）/美国统一代码委员会（UCC）码的编码标准，其特点是对每一个单独的产品进行编号，并为 RFID 标签的编码和解码提供一致的标准。工程总承包（EPC）标准的诞生让 RFID 标签能够随时提供整个物流供应链上产品流向的信息，让每一个产品信息拥有通用的沟通语言。通过互联网自动识别物品，并进行信息交换及共享，继而透明化管理物品。

创建于 1999 年的 Auto-ID 中心，首先进行 RFID 技术研究。2003 年，Auto-ID 中心把研究成果与相关技术组成无线射频身份标签的标准草案。同年 10 月，Auto-ID 中心的管理职能正式结束，研究职能合并到新组建的 Auto-ID 实验室中，商业职能重新组建，由 EPCglobal 负责。

Auto-ID 实验室是由全球七所顶级研究型大学（美国麻省理工学院、英国剑桥大学、澳大利亚阿德莱德大学、日本庆应义塾大学、瑞士圣加仑大学、中国复旦大学和韩国情报通信大学）组成的联盟。该实验室已开发出一种具有商业驱动力、全球可持续、经济高效和未来导向的 RFID 基础设施网络。此网络具有强大的鲁棒性和高度的灵活性，能够更好地支持未来的技术发展和行业应用。

EPCglobal 是由 EAN 和 UCC 合资成立的非营利组织，它与多家知名跨国公司及全球顶尖大学紧密合作。

EPCglobal 最重要的职能是建立和维护全球 EPC 网络，以确保供应链中各个环节的信息自动传递和实时识别使用全球统一标准。此外，EPCglobal 还通过管理和开发 EPC 网络标准，增加供应链中贸易单元的信息透明度和可视性，从而提高全球供应链的运作效率。

由上所述，不难发现 Auto-ID 实验室与 EPCglobal 在研究与应用上各自促进了 RFID 技术的持续发展。

近年来，RFID 技术所取得的重大进展包括但不限于：超高频 RFID 读写器的功能得到了加强，并且向着低功耗、低成本、一体化和模块化方向发展；利用最新研发的喷墨打印制造工艺制造 RFID 电子标签，可将单个电子标签的价格下降至 4 美分（1 美分 ≈ 0.07 元）；引入 RFID 新型中间件，使得标签数据和读写器管理变得更快捷、更方便。RFID 技术所取得的上述进展为物品识别的精确性和有效性提供了可靠保证。

当前，RFID 技术的应用领域包括但不限于电子门票、手机支付、车牌识别、不停车收费、港口集装箱管理、食品安全管理。因其具有自动识别物品、交换信息等功能，人们把 RFID 技术形象地比喻为"物物通信技术"。另外，RFID 技术在物流领域中应用非常广泛，因此人们认为 RFID 是物联网发展的源头。

（二）物联网技术的网络传输层

网络传输层在整个系统中处于居中地位。网络传输层是由各种通信网络（如互联网、电信网、移动通信网、卫星网、广电网等）组成的融合网络，人们一般认为其是最成熟的部分。

作为物联网的基础设施，网络传输层肩负着为业务提供无所不在的传输任务的责任。它涵盖了各种网络传输协议的互通、自组织通信技术及其他各种网络技术，同时还包括资源与存储管理技术。网络传输层功能强大的基础设施，为人们提供了四通八达、充分共享大量感知信息的信息高速公路。

在物联网中，网络传输层相当于神经中枢和大脑，承担着信息传递与加工的任务。网络传输层主要由接入网和传输网两部分构成，它们分别实现了连接和传输的功能。接入网可以采用多种不同的模式，如光纤接入、无线接入、以太网接入及卫星接入，从而实现对传感器网络、RFID网络等底层网络的"最后一公里"接入。由公共网络和专用网络构成的传输网包括电信网（固网、移动网）、广电网、互联网，以及电力通信网和数字集群等。在物联网技术和标准持续进步并扩展应用范围的今天，政府部门及电力、环境、物流等与人们生活紧密相关的领域都将融入物联网的大家庭，由此产生的海量数据将通过网络层上传至云计算中心。因此，在网络传输层的设计和性能要求上，物联网需要满足更大的吞吐量及更高的安全性。

物联网采用传感器网＋互联网的网络结构。以传感器网为终端进行信息拾取或信息馈送的网络体系结构能够快速构建，不需要事先有固定网络底层构建。物联网节点的高速移动性使节点群瞬息万变，节点之间链路的通断也经常发生变化。在现有技术中，物联网主要有以下几个特征。

①网络拓扑瞬息万变。传感器网络密集分布于所需采集信息环境中，具有自主工作、布放传感器多、设计寿命期望值高和结构简单等特点。然而，事实上传感器寿命受到环境影响很大，故障是经常发生的事情，传感器故障常常引起传感器网络拓扑结构的改变，这一点对于复杂多级的物联网系统来说尤其明显。

②传感器网络很难形成中心节点，因为它在设计上与传统的无线网络不同。传感器网络没有固定的中心实体，而是依靠分布算法。标准蜂窝无线网就是依靠这些中心实体来完成协调功能的。因此，传统的基于中心实体的移动性管理方法，如使用集中式归属位置寄存器和漫游位置寄存器，以及基于基站和移动交换中心的媒体接入控制算法，都不适用于传感器网络。

③通信能力受限。传感器网络面临通信能力的限制。其通信带宽通常较窄且经常波动，覆盖范围在数米到数十米之间，并且传感器间的通信频繁中断，这常常导致通信失败。此外，由于地形和自然环境等因素的影响，传感器网络中的节点可能会长时间处于离线状态，无法与网络保持连接。

④节点处理能力受限。通常传感器配备有内嵌式处理器和存储器，它们具有一定的计算能力，并能够处理某些信息。然而，由于内嵌式处理器和存储器的处理能力和存储量有限，这使得传感器节点的计算能力非常受限。

⑤物联网网络中存在着数据安全性需求。这是由于物联网在工作中通常很少涉及人，全靠网络来自动收集、传输、储存数据，对其进行分析并上报结果及相应的处理。倘若数据出错，势必导致系统做出错误的决策和动作，而这一点又不同于互联网。互联网因使用者拥有相当的智能及判断能力，当网络及资料的安全性遭受攻击时能积极采取防御及修复措施。

⑥网络终端关联性不强。在物联网中，网络节点之间的信息传输相对较少，并且终端之间具有较高的独立性。通常，物联网的传感与控制终端在工作时通过网络设备或上级节点进行信息传输，因此传感器之间的信息相关性较小，相对独立。

⑦网络地址的短缺性使得网络管理变得复杂。在物联网中，每个传感器都需要有一个唯一的地址才能正常工作。然而，IPv4 地址已经接近枯竭，导致互联网地址资源变得越来越紧张。由于需要更多的地址，人们对地址的需求变得更加迫切。因此，IPv6 的部署被提出。但是，IPv6 的部署需要考虑与 IPv4 的兼容性，并且需要大量的投入。因此，运营商对 IPv6 的部署持谨慎态度，目前更倾向于使用内部浮动地址来解决地址问题。这不仅增加了网络管理的复杂性，还加大了物联网管理技术研究的难度。

（三）物联网技术的应用服务层

应用服务层是整个系统的最上层。它为物联网技术和行业专业技术的结合提供了应用支持，从而实现了跨行业、跨应用和跨系统间信息的协同、共享和互通。该层主要利用中间件技术、基于面向服务的架构（SOA）技术、信息开发平台技术、云计算平台技术及服务支撑技术等物联网应用支撑技术，构建了一个物联网应用服务集。

物联网应用服务集由智能交通、智能医疗、智能家居、智能物流、智能电力、工业控制应用技术组成。物联网以应用服务层为载体，最终将信息技术和产业深度融合在一起，并在国民经济和社会发展中产生了深远的影响。应用服务层的关键是信息社会化共享，解决信息安全保障问题。

以全面感知、可靠传输、智能处理为核心能力的物联网分别在感知互动层、网络传输层、应用服务层相应呈现。综合感知是指利用 RFID、二维码、摄像头、传感器、传感器网络等感知、捕捉、测量的技术手段，随时随地对被测对象进行信息采集和获取；可靠传输就是通过整合多种通信网络，使对象与信息网络连接，在任何时间、任何地点都能实现可靠信息交互功能和信息分享；智能处理就是采用云计算、模糊识别等多种智能计算技术来分析处理大量跨地域、跨行业、跨部门的数据与信息，促进人们洞察物理世界、经济与社会中各类活动的变化，并进行智能化决策与调控。

从信息交互互联的角度上说，未来的物联网将真正实现从任何时间、任何地点的互联到任何物间的、互联的扩展。

从支撑技术发展角度上看，未来的物联网将在标识、体系架构、通信、网络、软硬件、数据与信号处理、发现与搜索、能量获取与存储、安全与隐私等支撑技术方面取得实质性的进步，为未来的物联网真正实现物理世界和信息世界有机融合奠定基础技术条件。

目前流行的物联网应用层协议包括约束应用协议（CoAP）、消息队列遥测传输 - 传感器网络（MQTT-SN）、可扩展通信和表示协议（XMPP）和高级消息队列协议（AMQP）四种协议。

1.CoAP

CoAP 是由互联网工程任务组（IETF）开发的一种简化版的超文本传输协议（HTTP）。它采用了表述性状态转移（REST）架构，允许客户机使用熟悉的 GET、PUT、POST 和 DELETE 等指令来传递信息。CoAP 与 6LoWPAN 相结合，并与 IPv6 兼容，这既有利于物联网节点的上网，同时也增强了与 HTTP 之间的互操作性。

然而，将 IPv6 转换为 6LoWPAN 形式的过程中进行的分片与重组会对网络性能产生一定的冲击。由于物联网设备的资源限制，CoAP 大幅缩减了消息的首部长度，将其缩短至仅 4 字节。与 HTTP 不同，CoAP 的传输层使用的是用户数据板协议（UDP）。相较于传输控制协议（TCP），UDP 具有以下优点：①简单性使其更加适合资源有限的物联网设备；② UDP 能够实现物联网应用所需的多播功能。

另外，对使用数据包传输层安全性协议（DTLS）进行应用也具有严格安全保障。但是，用 UDP 取代 TCP 也存在很多不足，如 UDP 并不能提供功能强大的拥塞控制机制。此外，CoAP 中内置的超时重传机制（RTO）很多时候已经被证明无效。IETF 正在开发先进的拥塞控制（CoCoA）来解决这一问题。

2.MQTT-SN

MQTT-SN 是一种针对资源受限设备的开放式通信技术，以有限的吞吐量在网络中运行。它采用了发布 / 订阅机制，而不是 CoAP 所使用的 REST 体系结构。由于其良好的可扩展性，MQTT-SN 在网络资源有限的环境中表现出色。

根据物联网设备的要求，MQTT-SN 经过了多次的改造。例如，不同于 MQTT 的是，这个协议并不一定要求 TCP 是一个和 UDP 相容的下层协议；本发明降低消息开销并且为休眠模式提供新机制，特别适用于以电池作为电源的物联网设备。

MQTT-SN 主要包括客户机、转发器、网关三个部分。客户端使用 MQTT-SN 直接或通过一个（或多个）转发器向网关发送消息。网关把 MQTT-SN 格式的分组变换成 MQTT 格式并转发到 MQTT 服务器上，反之则不然。网关可以是一个独立的设备来执行其功能，还可整合在服务器上。

基于 MQTT-SN 规范，界定两类网关，即透明网关与聚合网关。

透明网关为每台客户机与服务器建立一一对应的关系。由于部分 MQTT 服务器同时接入的次数有限，因此 MQTT-SN 提出了该方法对网关进行聚合并把客户机间的通信全部封装为网关与 MQTT 服务器间的一次接入，以减少并发接入次数。

聚合网关远比透明网关复杂。MQTT-SN 也包含了一种全新的休眠模式——客户机能够用 DISCONNECT 消息来告知网关自己的休眠周期。期间向休眠客户机发送的全部数据被缓冲到网关。

3.XMPP

XMPP 起初是为了便于结构化数据实时交换而设计的，它可封装于可扩展标语语言（XML）小包内。XMPP 采用分布式客户机 / 服务器架构，客户机必须先与服务器建立连接，再与其他客户机交换任何信息。从整体上看，XMPP 体系结构主要由客户机、服务器、网关三类设备构成。

客户机不能直接交流信息。所有的通信都要经过 XMPP 服务器。它们互相连接以便使不同服务器上相关联的客户机可以交换消息；它们使用协议网关来提供与其他即时消息（IM）协议之间的互操作性。尽管 IM 在 XMPP 服务中占据主导地位，但是以上特点再加上它显著的扩展性与灵活性，使得该协议适合延迟敏感物联网。XMPP 使用 TCP 来提供服务器间或服务器与客户机间的无损通信。TCP 虽然有可靠性和拥塞控制机制，但增加了设备的开销。

4.AMQP

AMQP 是一种为可靠点对点通信而设计的开放标准，最初专为银行服务而开发。它着重于可靠性，并具备扩展性，因此非常适合用于关键任务的物联网应用。在 AMQP 中，消息的传递主要依赖于传输层和消息层。这两个层次的结合使得节点间的消息交换更为便捷。此外，经过多个版本的改写，AMQP 进一步提高了其可靠性和扩展性，以适应不断变化的应用需求。

节点可以承担 AMQP 体系结构中定义的三个角色（生产者、消费者和队列）之一。生产者与消费者作为应用层进程各自产生并接受信息，队列则提供储存与转发服务。一对生产者与消费者之间由全双工信道相连，每对信道中包括一组单向信道，这些信道为跨存储连接提供了可靠通信。帧头定义成固定的字段，长 8 位，扩展字段预留给以后使用。AMQP 是建立在 TCP 协议的基础上，并通过采用传输层安全性协议（TLS）等技术确保了通信安全性。

三、物联网对人工智能发展的技术支持

物联网与人工智能两者之间有着紧密的关联和互相促进的关系。

一是物联网技术可以为人工智能提供丰富的数据源。物联网技术将各种传感器和设备与互联网连接起来，使得人工智能可以获取到大量实时的、多样化的数据。这些数据可以用于训练和改进人工智能算法，提高模型的准确性和智能化程度。例如，通过物联网技术，我们可以获取到传感器收集的环境数据、用户行为数据等，从而用于训练智能家居系统、智能交通系统等人工智能应用。

二是物联网技术提供了连接和通信的基础设施。物联网技术通过无线传输、网络通信等手段，将各种终端设备进行互联，实现设备之间的数据交互和通信。这为人工智能的应用提供了便捷的数据传输和通信方式。例如，智能城市中的交通信号灯可以通过物联网技术与交通管理中心进行通信，以便实时获取交通情况，优化交通调度和控制。

三是物联网可以辅助人工智能的决策和控制。通过物联网技术，人工智能可以获取到设备的状态和运行数据，实时监测和分析设备的工作情况。基于这些数据，人工智能可以做出智能化的决策和控制，如自动调节设备的运行参数、预测设备的故障和维护需求等。

四是物联网也为人工智能提供了边缘计算的支持。物联网中的终端设备和传

感器可以执行一些简单的计算任务，并将计算结果传送给云端的人工智能系统进行进一步分析和处理。这种边缘计算的方式可以减轻云端的计算压力，提高响应速度，降低网络延迟。

物联网通过提供丰富的数据源、连接和通信基础设施、辅助决策和控制功能及边缘计算支持，为人工智能的发展提供了重要的技术支持。两者的结合可以实现更智能、更高效的应用场景，推动人工智能的广泛应用。

第二节　云计算助力人工智能

云计算在人工智能领域扮演着至关重要的角色。随着人工智能的发展，其需要更多的空间存储运行它们所需的大量数据，而云计算为人工智能提供了强大的计算和存储能力、灵活的资源管理、便捷的开发环境和丰富的数据和协作机制，助力人工智能算法的发展和应用。

一、云计算技术的基本概述

（一）云计算技术的内涵

近年来，云计算已成为新兴技术产业中较热门的领域之一，也是继个人计算机和互联网变革之后的第三次信息技术浪潮。它将给人类的生活、生产方式和商业模式带来根本性的变化。随着云计算技术的发展，人们收集、存储和处理数据的能力比以往任何时候都要强，从数据中提取价值的能力也得到了极大提高。云计算的蓬勃发展开启了大数据时代的大门。随着互联网、移动互联网、物联网、数字设备等的飞速发展，越来越多的智能终端和传感器设备被连接到网络上。由此产生的数据和增长率将超过历史上的任何时候。社会信息正步入大数据时代，大数据概念逐渐成为发展趋势，为人们认识世界打开了大门。

云计算是一个广泛的概念，不同机构和个人对云计算的定义不尽相同。下面列举几种常见的定义。

1. 亚马逊公司

亚马逊公司的亚马逊云计算服务（AWS）官方网站对云计算的定义是，云计算是基于按需付费定价模式的互联网技术（IT）资源交付服务。通过 AWS 这样的云计算服务提供商，用户可根据需要购买 IT 资源（如计算能力、存储和数据库等），而无须再购买和维护物理数据中心和服务器。

2. 阿里巴巴公司

阿里巴巴公司的阿里云官方网站对云计算的定义与 AWS 类似，即云计算是通过网络按需分配计算资源。计算资源包括服务器、数据库、存储、平台、架构及应用等。云计算支持按用量付费，即只需支付你需要的量。

3. 美国国家标准与技术研究院

美国国家标准与技术研究院对云计算的定义是，云计算是一种模型，用于实现对可配置计算资源共享池便捷按需的网络访问。该共享池中的计算资源包括网络、服务器、存储、应用程序和服务等，这些资源可以快速地获取和释放，同时管理成本极低，而且与服务提供商的沟通成本基本为零。

4. 中国信息通信研究院

中国信息通信研究院对云计算的定义是，云计算是通过网络统一组织、灵活调用多种信息和通信技术资源来进行大规模计算的信息处理方式。云计算采用分布式计算与虚拟资源管理相结合的方式，把分散的信息与通信技术（ICT）资源通过网络进行集中，形成一个共享资源池，以及动态地按需、可度量地为用户服务等。用户可利用多种形式的终端设备（如平板电脑、智能手机、智能电视），通过网络访问 ICT 资源服务。

上述几类定义，虽然侧重点不同，但互不冲突。总的来说，云计算就是一种基于互联网的超级计算模式，在远程数据中心里，成千上万台计算机和服务器等设备连接成一片云，用户通过计算机、手机等接入数据中心，进行按需的网络访问。

（二）云计算技术的基本特征

从云计算的定义可以看出，它具有以下五个基本特征。

1. 自助的获取服务

对于各厂商提供的云计算服务（如服务器、存储等），用户可根据需要自行获取，而无须与每个服务的提供商进行人工交互。例如，若某用户要租赁阿里云提供的云服务器，仅需进入阿里云官网并注册登录后，通过依次选择产品分类或利用搜索栏搜索"云服务器"关键字即可跳转至云服务器的配置选择界面，在此界面中可根据用户需求选择云服务器的规格（如 CPU 性能、CPU 内存比和最大基础带宽能力等）并付款即可，整个流程与在淘宝网上购物十分类似。

2. 广泛的网络访问

各云计算厂商一般通过互联网向用户提供服务，这样用户就可以在任何地理位置、任何客户端平台上通过标准化的访问机制获取云计算服务。例如，用户无论是使用笔记本电脑还是智能手机，都可以通过浏览器或应用程序获得基于云计算的在线地图服务。

3.IT 资源的虚拟化

为了向使用多租户模型的消费者提供服务，云计算服务提供商将 IT 资源虚拟化为一个资源池，并根据用户的需求实时分配和回收资源池中的 IT 资源。资源虚拟化形成的资源池可能是由地理位置分散的计算机集群共同组成的，但用户在感知上却会认为资源池是具有位置独立性的。这是由于用户虽无从得知所使用IT 资源的具体方位，但却能够在更高的抽象级别指定其位置。

4.弹性的资源分配

云计算服务中对 IT 资源的分配是快速且弹性的，即可根据用户的需求就近选择数据中心，并自动地增加或减少资源的供给。这样不仅可以快速满足用户的实时需求，还不会造成资源的浪费。

5.度量资源的使用

云计算系统将用户使用IT 资源的各项参数（如存储大小、带宽及使用时长等）作为依据来监视、控制和报告资源使用情况，并自动优化 IT 资源。对云计算服务的度量可让云计算服务提供商对资源使用情况一目了然，同时也可为用户提供由资源使用情况和对应资费组成的明细账单。

（三）云计算技术的系统算法

1.并行计算

（1）并行计算的内容

并行计算就是同时利用各种计算资源来求解计算问题，它是提高计算机系统计算速度与处理能力的有效途径。其基本思路是利用多个处理器协同解决同一个问题，即把所解决的问题分解为几个部分，每一部分都通过单独的处理机并行地进行处理。并行计算系统可由一台特制的超级计算机组成，包含多个处理器，还可由多台独立计算机按一定方式相互连接而成集群，通过并行计算簇完成数据处理，然后向用户回传处理结果。

并行计算可以划分为时间并行与空间并行两大存在形态。其中，时间平行就是流水线技术。例如，在工厂里制作食品时，分清洗、消毒、切割、包装四个步骤。若不使用流水线技术，一种食物在完成以上四个步骤之后才能开始加工下一种食物，既浪费时间又影响效率。但利用流水线技术可一次加工四种食物。这就是并行计算中的时间并行，即在同一时间启动两个或多个运算，大大提高了计算效率。

空间并行是对多台处理机进行并发执行计算，即将两台以上处理机通过网络连接在一起，实现对同一任务中不同部分或单个处理机不能解决的大问题进行同时计算。

（2）并行计算的结构

在集群中实现大数据处理的一个很大的困难是，当将计算任务或数据分析放到集群中进行处理时，没有一种通用的方法。该问题可以用不同的粒度进行分解，这涉及并行计算的层次化问题。并行计算可分为以下两个层次。

①程序级并行。如果一个数据分析任务可以分为几个独立的计算任务，并分配给不同的节点进行处理，这种并行就被称为程序级并行。程序级并行具有同时进行运算或操作的特性，这意味着问题很容易在集群中执行，子问题之间的通信成本也很小，因为被拆分的任务是独立的。不需要在集群节点之间进行大量的数据传输。

程序级并行中的每一个计算任务都可以看作是一个没有任何计算关联和数据关联的任务，其并行性是自然的和宏观的。

②子程序级并行。一个程序可以分为多个子例程任务，并由集群并行执行。最后，通过合并结果得到最终的结果，即子程序级并行。子程序级并行是对程序级并行性的进一步分解，粒度小于程序级并行。一些基于切片数据的批量处理大数据系统都可以认为是次级并行。

如果 Hadoop 系统数据被分割并存储在分布式文件系统的集群中，则将每个子程序分配给节点，计算完成后，采用约简过程来实现数据合并。这种面向数据的并行计算易于实现并实现了并行化。子程序级并行是大数据系统中并行计算的主要层次。

较小的并行级别还包括语句级并行和操作级并行，这两种类型在集群中并不常见。由于并行粒度太小，增加了并行任务之间的相关性，节点间的消息通信过于频繁，集群节点之间的数据连接是低速网络连接，而不是总线或芯片级高速连接。在集群系统中，交换通信通常需要计算。由于大数据系统往往涉及大量的数据流量，因此最大限度地减少数据传输是大数据系统的基本原则之一。在Hadoop 系统中，为了减小数据通信的压力，采用了数据迁移的计算策略。

2.分布式计算

（1）分布式计算的内容

分布式计算是计算方法的一种，它和集中式计算是相对的。在计算机技术不断发展的今天，有些应用要求要有强大的计算能力，若使用集中式计算就需要很长时间。此外，分布式计算把应用分解为很多较小的组件，并分发给若干台计算机去处理，从而节约了总体计算时间，并极大地提高了计算效率。

云计算属于分布式计算，是分布式计算这一科学概念在商业上的实现。分布式计算就是综合利用互联网中大量闲置的计算能力，来解决一些大规模计算问题。

全球各地的志愿者通过互联网参与各种分布式计算项目。这些项目包括分析来自外太空的电信号、探索可能存在的外星智慧生命等。此外，借助这些项目，科学家也能寻找超过 1 000 万位数字的梅森质数及对抗艾滋病病毒的更有效药物。这些项目的计算量非常庞大，单个计算机或个人无法在可接受的时间内完成计算。

（2）分布式计算的优点

分布式计算的特点是两个或多个软件之间相互共享信息，这些软件可以在同一台计算机上运行，也可以通过在网络连接起来的多台计算机上运行。分布式计算与其他算法相比具有显著的优势，主要体现在以下几个方面。

①对于稀有的资源，可以采取共享的方式来提高数据利用效率。

②通过分布式计算可以在多台机器上优化计算资源的分配，以平衡负载并提高处理速度。

③可以将程序部署在最适合运行它的计算机上，以保证更好的性能和效率。

计算机分布式计算的核心思想之一是共享稀缺资源和实现负载均衡。分布式计算的最大优势在于它能将大型任务分解为多个小部分，并分配给多个计算节点同时处理。这种计算模式将计算的范畴扩展到多台计算机，甚至跨越多个网络，以有序的方式共同执行某项任务。在分布式计算蓬勃发展的同时，网络技术也发挥了至关重要的作用，尤其是 Web 技术。然而，传统的网络协议并不能完全满足分布式计算的需求，基于此，Web Service 技术得以发展，这为分布式计算提供了必要的支持。

Web Service 是一种平台独立、低耦合、自包含、以编程为基础的 Web 应用程序。它被用于开发分布式、互操作的应用程序。其体系架构以服务提供者、服务请求者和服务注册中心三种角色为基础，通过发布、发现和绑定三个动作相互连接。

　　简而言之，Web 服务提供者是 Web 服务的所有者，其随时准备为其他服务和用户提供已有的功能。另外，Web 服务请求者是使用 Web 服务功能的使用者，他们通过简单对象访问协议（SOAP）消息向 Web 服务提供者发送请求以获取服务。此外，Web 服务注册中心的作用在于将一个 Web 服务请求者与合适的 Web 服务提供者相连接，它扮演着管理者的角色。

　　首先，可以将角色根据其逻辑关系划分为 Web 服务提供者、Web 服务请求者和二者兼有的角色三种。在实际应用中，Web 服务可能会同时承担三种角色，即 Web 服务提供者、Web 服务请求者和二者兼有的角色。这种交叉关系反映了 Web 服务角色的多样性。其次，"发布"是用于让用户或其他服务了解某个 Web 服务的存在和相关信息的过程，"发现"则是为了找到符合特定需求的 Web 服务。最后，"绑定"是在 Web 服务提供者和 Web 服务请求者之间建立特定联系的过程。

　　Web Service 技术的作用与中间件相似，它们都消除了不同开发平台之间的互操作性问题。在进行大规模的分布式计算时，Web Service 技术扮演着至关重要的角色。它使得不同的功能模块可以通过 HTTP 和 SOAP 协议在 Web 上进行调用和传输，从而充分利用各个开发平台的不同功能模块来完成计算任务。

二、云计算对人工智能发展的技术支持

　　云计算确实对人工智能的发展起到了很大的助力作用。云计算提供了强大的计算和存储资源，使得人工智能算法可以利用大规模数据进行训练和推理。以下是一些云计算如何助力人工智能的具体应用。

　　①弹性计算资源。云计算提供按需分配计算资源的能力，可以根据人工智能任务的需求动态调整计算能力。这样，人工智能算法可以利用云计算平台上的大规模计算资源进行并行处理，从而加快模型训练和推理速度。

　　②流行框架和工具支持。云计算平台提供了各种流行的人工智能框架（如 TensorFlow、PyTorch 等）和工具（如 Jupyter Notebook），使得人工智能开发人员可以方便地在云上进行模型的开发、测试和部署。

　　③大规模数据存储和处理。云计算平台提供了分布式存储和处理能力，使得人工智能算法可以高效地处理大规模数据。人工智能模型往往需要大量的训练数据来提高准确性，云计算平台可以帮助存储和处理这些数据。

　　④人工智能服务和应用程序编程接口（API）。云计算平台还提供了各种人工智能服务和 API，如语音识别、图像识别、自然语言处理等，使得开发人员可以方便地使用这些功能来构建自己的人工智能应用。

总而言之，云计算提供了计算和存储资源、框架和工具、大规模数据处理能力，以及人工智能服务和 API 等方面的支持，为人工智能的发展提供了基础设施和便利条件。通过云计算，人工智能算法可以更好地运行、训练和部署，从而推动人工智能的广泛应用和发展。

第三节　大数据助力人工智能

一、大数据技术概述

（一）大数据技术的内涵

随着计算机技术全面融入人们的日常生活，数据的积累已经到了一个由量变引起质变的程度，它不仅充斥在人们生活的方方面面，积累速度也以指数级增加，最终出现了"大数据"这个术语。大数据应用到了人们发展的大部分领域中，无论是在云计算、物联网，还是在社交网络、移动互联网领域，大数据都扮演着至关重要的角色。大数据已经不再仅仅是指数据的体量大，而是具有了更为深刻的含义。

人工智能的进步离不开大数据的支撑。

人工智能所取得的成就基本和大数据密切相关。通过大数据采集、处理、分析，从各行各业的海量数据中获得有价值的数据，为更高级的算法提供素材。大数据是人工智能的基石，也是人工智能发展的能量源。目前深度学习主要是建立在大数据的基础上，即对大数据进行训练，并从中归纳出可以被计算机运用在类似数据上的知识或规律。

网络将通过各种渠道收集到的信息整合在一起，形成非常庞大的信息库，这种庞大的信息库就叫作大数据。近年来，信息更新的速度逐渐加快，信息的种类也越来越多。随着大数据的广泛应用，企业的竞争力也在逐渐提升。用户在使用智能手机、平板电脑等设备上网时，用户年龄、活动半径、消费明细、经常登录的网站等信息也会被归入大数据。

大数据是指在一定时间范围内，常规软件工具无法捕捉、管理和处理的数据集合。为了应对这种情况，需要采用新的处理模式，这种模式具备更强的决策力、洞察发现力和流程优化能力。大数据被视为一种海量、高增长率和多样化的信息资产。

　　何为大数据？虽然很多人将其定义为"大数据就是大规模的数据"，但是这个说法并不准确。确实，仅仅数据的量大并不足以说明数据一定具有深度学习算法可以利用的价值。例如，持续记录地球每秒相对太阳的运动速度和位置，虽然产生了大量数据，但这些数据并没有太多可供挖掘的信息。大数据技术指的是一种采用经济高效的方式，利用高速捕获、发现和分析技术，从各种超大规模的数据中提取价值的新一代技术和构架。同时，随着数据的急剧增长，需要寻求新的技术处理手段来应对。

　　在当前大数据时代，人们能够借助互联网、社交网络和物联网等多种渠道及时获取大量信息。同时，随着信息技术的发展和数据量的急剧增长，信息载体的数据以超乎想象的速度迅速扩大。在这一背景下，数据创造的主体正在逐步由企业转向个体，而个体所产生的数据主要以图片、文档、视频等非结构化形式存在。

　　随着信息化技术的广泛普及，企业越来越多的办公流程开始通过网络来实现，由此产生了大量的非结构化数据。传统的数据仓库系统、商业智能（BI）、链路挖掘等应用通常需要以小时或天为单位来处理数据，然而，大数据应用则非常强调数据处理的实时性。例如，在线个性化推荐、股票交易处理、实时路况信息等需要以分钟甚至秒为单位来处理数据。

　　随着数据的迅猛增长，数据的多样性已成为大数据应用所面临的一个紧迫问题。例如，如何实时地通过各种数据库管理系统安全地访问数据，以及如何通过优化存储策略，对当前的数据存储技术进行评估并加以改进，以增强数据存储能力，从而最大限度地利用现有的存储投资。

　　在某种意义上，数据将构成企业的关键资产。大数据不仅仅标志着技术变革，更标志着一个新的商业模式的诞生。在大数据的概念被提出来之前，尽管互联网为传统企业提供了一种新的销售途径，但总体来说，这两者是平行发展的，很少有交叉点。

　　可见，不论是谷歌凭借用户个人信息进行的精准广告投放，还是脸书将用户的实际社会关系转化为在线网络，构建一个带有真实性的实名世界，这些商业模式都离不开互联网的支持，传统产业似乎难以顺利地融入网络环境中。此外，传统的用户分析工具在很大程度上无法让企业充分了解广大用户的实际需求。为了实现从大规模制造到大规模定制的转变，企业必须充分掌握消费者的需求特征。

　　身处互联网时代，用户的行为往往会不经意间透露出各种需求特征。需要通过信息分析的方法（如关联、参照、聚类、分类等），才能找到答案。大数据可以在互联网与传统企业之间建立一个交集，推动互联网企业融入传统企业的供应链，并在传统企业中植入互联网基因。传统企业与互联网企业的结合，网民和消费者的融合，必将引发一场包括消费模式、制造模式、管理模式的深刻变革。

（二）大数据技术的基本特征

1. 体量性

真实世界中的数据可以大致分为两类，即客观世界中的数据主要描述的是物理实体和现象，这些数据通常是数字或关键字形式，呈现出结构化的特性。它们适合使用计算机和标准统计学方法进行处理，通常被称为硬数据。硬数据又可以细分为以下三类。

（1）测量数据

测量数据指的是从与计算机或与互联网相连的传感器网络中所采集到的数据。测量数据包括了位置、速度、流率、事件计数、化学信号等，这个类型的大数据已被科学家认识和研究多年。

（2）原子数据

原子数据指的是由客观事件和人类活动有意义的交织而形成的数据。例如，磁卡读取账户信息，紧接着自动取款机（ATM）吐出现金，这就标志着一次取现行为的完成。再如，一组特定模式的位置、速度和重力的测量数据组合，以及自动导航仪中记录的时间数据，共同标识了一次飞机事故。原子数据包括网络日志记录、电子商务事件等。

（3）衍生数据

衍生数据是由原子数据经数学处理而得到的，通常用来帮助人们更深刻地理解数据背后的含义。主观世界中的数据是通过人类认识世界，以及人类之间的互相交流而产生的。相对于硬数据，衍生数据可以被称为软数据。软数据是人类在与社会和世界互动过程中产生的数据，通常具有较低的结构化程度，需要特定的统计和分析方法来处理。

2. 多样性

（1）档案数据

档案数据的非结构性很强，产生速度慢，多样性不高，体量不算大。

（2）媒体数据

媒体数据介于结构化与非结构化之间，产生速度非常快，多样性适中，体量巨大。

（3）传感器数据

传感器数据的结构性非常强，产生速度非常快，多样性强，体量巨大。

这些类型的数据都包含在大数据的范畴之内，由此可见大数据多样性之普遍。

数据格式的多样化与数据来源的多元化为人类处理这些数据带来了极大的不便。大数据时代所引领的数据处理技术，不仅为挖掘这些数据背后的巨大价值提供了方法，还为处理不同来源、不同格式的多元化数据提供了可能。

以往的数据量尽管巨大，但大多是结构化数据。这种数据一般运用关系型数据库作为工具，通过计算机软件和设备很容易进行处理。结构化数据是将某一类事物的数据数字化，以便于进行存储、计算、分析、管理。

在某种情况下可以忽略一些细节，专注于选取有意义的信息。处理这类数据，只需确定好数据的价值，设置好各个数据间的格式，构建起数据间的相互关系，进行保存即可，一般不需要进行更改。数据世界发展到现阶段，非结构化数据超越了结构化数据，非结构化数据具有大小、内容、格式等结构不同，不能用一定的结构来进行框架的特点。

3. 真实性

数据是原始的和零散的，通过对数据的过滤和组织可以得出信息，再将信息进行整合与呈现，就能获取知识，知识最后经由领悟与归纳形成智慧。因此，这是一个不断抽象、不断归纳、不断升华的过程。

大数据的这个特性，更多刻画的是它给人们带来的一个挑战——数据的价值"提纯"。一方面，数据噪声、数据污染等因素带来了数据的不一致性、缺乏性、模糊性、近似性、伪装性，这给数据"提纯"带来了挑战；另一方面，超级庞大的数据量、极其复杂的多样特性，也给数据"提纯"增加了难度。

在连续不间断的视频监控中，有用的数据往往只出现在一两秒的片段里。

在处理数据时，经常能够发现随着信息的增加，统计上显著的相关性也越来越多。但是这些相关性中有很多是无意义的，可能会在解决问题时对人产生误导。这种误导性会随着数据的增长而迅速增加。

可以打一个形象的比喻。数据"提纯"的过程就好比要在一个千草垛中找到一根针。数据本身的污染及数据分析过程中引入的干扰，很可能会将人们引入歧途。这也是大数据时代的特征之一，即"重大"发现的数量可能会被数据扩张带来的噪声淹没。因此，如果不能很好地处理大数据的"提纯"问题，最终只会产生更大的"千草垛"。

4.快速性

如果将大数据的速度仅限定为数据的增长率的话就错了。这里的速度应动态地理解为对数据的处理速度与数据的流动速度。大数据对数据的处理要求为马上检测，这也是大数据与传统数据处理特点的不同之处。

智能终端、物联网、移动互联网的普遍运用，以及个人所产生的数据，都会使数据呈现爆炸式的增长。新数据不断涌现，对数据处理的要求提供了硬性的标准。只有当处理数据的速度跟上甚至超越大数据产生的速度，才能充分利用大量数据。反之，不断增长的数据不仅不能为解决问题带来优势，反而会成为快速解决问题的累赘。

在数据处理速度方面，有一个著名的"1秒定律"，即在大数据环境下，许多情况需要在瞬间或一秒钟内生成结果，否则处理结果将过时无效。对大数据要求快速、持续的实时处理，这也是大数据与传统海量数据处理技术的关键差别之一。

此外，数据不是静止不动的，而是在移动互联网、设备中不断流动的，数据的流动消除了"数据孤岛"现象，为了使数据在不同的存储平台上流动自如，应该选择适合的存储环境，可以使各类组织不但能够存储数据，而且能够主动管理数据。但也应该看到，对于这样的数据，仍然需要得到有效的处理，才能避免其失去价值。

（三）大数据技术的数据计算与获取

1.大数据技术的数据处理系统

大数据处理涉及多种数据源，包括但不限于结构化数据、半结构化数据及非结构化数据。根据不同场景的需求，需要采用不同的处理方式。例如，有些情况需要批量处理海量已有数据，有些则需要实时处理大量实时生成的数据。此外，在数据分析过程中，有时需要进行反复的迭代计算，或者对图数据进行特定的分析计算。目前，主要的大数据处理系统包括但不限于数据查询分析计算系统、批处理系统、流式计算系统。

（1）数据查询分析计算系统

在大数据环境下，数据查询分析计算系统必须具备实时或准实时的查询能力，以应对大规模数据的增长，而传统关系型数据库已经无法满足这种需求。目前，常用的数据查询分析计算系统包括 HBase、Hive、Cassandra、Impala 等。

①HBase。HBase 是一个源于《Bigtable：一个结构化数据的分布式存储系统》

的开源、分布式、面向列的非关系型数据库模型，是 Apache 的 Hadoop 项目的子项目。它在实现中包含了压缩算法、内存操作和布隆过滤器。HBase 的编程语言为 Java，因此，它能够通过 Java API 来存取数据。此外，HBase 的表也可以作为 MapReduce 任务的输入和输出。

② Hive。Hive 是以 Hadoop 为基础的数据仓库工具，可用于查询和管理分布式存储中的大数据集。它能提供完整的结构化查询语言数据库（SQL）查询功能，并将结构化的数据文件映射为一张数据表。Hive 提供了一种类 SQL 语言（HiveQL），该语言可将 SQL 语句转换为 MapReduce 任务运行。

③ Cassandra。Cassandra 是最早由脸书开发的开源 NoSQL 数据库系统，于2008 年公开发布。由于其卓越的可扩展性，Cassandra 被众多大型公司广泛使用。它的数据模型借鉴了 Dynamo 和 Bigtable，这两种模型都是流行的分布式结构化数据存储方案。

④ Impala。Impala 是由 Cloudera 公司主导开发的，是一个在 Hadoop 平台上运行的开源的大规模并行 SQL 查询引擎。Impala 允许用户使用标准的 SQL 接口查询存储在 Hadoop 的 HDFS 和 HBase 中的拍字节（PB）级大数据。

（2）批处理系统

MapReduce 是一种广受欢迎的批处理计算模型，它采用"分而治之"的策略来处理具有简单数据关系和易于划分的大数据。它将数据记录的处理分为 Map 和 Reduce 两个简单的抽象操作，并通过提供一个统一的并行计算框架来简化并行程序设计。典型的批处理系统（如 Hadoop 和 Spark），都充分利用了 MapReduce 的模型。不过值得注意的是，MapReduce 的批处理模式并不支持迭代计算。

① Hadoop。Apache 基金会主导的开源软件项目是当前处理大数据的主要平台。这个平台使用 Java 语言进行开发，使得开发人员不需要了解底层的分布式细节，就可以编写分布式程序，以实现在集群中对大数据的存储和分析。

② Spark。由加利福尼亚大学伯克利分校算法、机器和人（AMP）实验室开发的 Spark，针对机器学习、数据挖掘等计算密集型任务进行了优化。通过将中间数据存储在随机存取存储器（RAM）内存中，服务器在运行 Spark 时可以显著提高数据分析结果的返回速度。这种内存计算的概念对于需要实时互动分析的场景尤其有效。

（3）流式计算系统

具有强大实时性能的流式计算系统，需要持续处理由应用生成的数据，确保数据不会积压或丢失。这类系统广泛应用于电信、电力等行业领域，以及互联网行业的访问日志处理。常见的流式计算系统包括脸书的 Scribe、推特的 Storm、加利福尼亚大学伯克利分校的 Spark Streaming 等。

① Scribe。脸书开发了 Scribe 的开放源代码系统，主要对大量服务器产生的日志信息进行实时收集和数据更新，并在脸书内部进行实时的统计分析。

② Storm。Storm 是开放源代码的基于拓扑的分布式流数据实时计算系统，最初由 Back Type 公司研发，后被推特收购。此系统已广泛应用于淘宝、百度、支付宝等平台，成为流数据计算的主要平台之一。

③ Spark Streaming。Spark Streaming 通过将流式计算分解成一系列短小的批处理任务，实现了实时数据的处理和分析。其中，网站流量统计是 Spark Streaming 的典型应用场景，需要对数据进行实时聚合、去重、连接等统计操作。

如果选择 Hadoop MapReduce 作为数据处理框架，虽然可以方便地实现统计需求，但实时性可能无法得到保证。相反，使用 Storm 这样的流式框架，可以确保实时性，但实现起来可能较为困难。Spark Streaming 则提供了一种折中的方案，既能以实时方式方便地实现复杂的统计需求，又能保证一定的实时性。

2. 大数据技术的数据获取原理

（1）数据获取

数据的分类方法有很多种，按数据形态，数据可以分为结构化数据和非结构化数据两种。结构化数据如传统的 Data Warehouse 数据，非结构化数据有文本数据、图像数据、自然语言数据等。

结构化数据和非结构化数据的区别从字面上就很容易理解：结构化数据，结构固定，每个字段固定的语义和长度，计算机程序可以直接处理；非结构化数据，计算机程序无法直接处理，需先对数据进行格式转换或信息提取。

按数据的来源和特点，数据又可以分为网络原始数据、用户面详单信令、信令数据等。例如，运营商数据是一个数据集成，包括用户数据和设备数据。但是，运营商数据又有如下特点。

①数据种类复杂。数据种类复杂，结构化、半结构化、非结构化数据都有。由于传统设计的原因，运营商的设备很多是根据协议来实现的，因此数据的结构化程度比较高，结构化数据易于分析，这点相比其他行业有天然的优势。

②数据实时性要求高。数据实时性要求高，如信令数据都是实时消息，如果不及时获取就会丢失。

③数据来源广泛。数据来源广泛，各个设备数据产生的速度及传送速度都不一样，因而数据关联是一大难题。

让数据产生价值的第一步是数据获取，下面介绍数据获取和数据分发的相关技术。

（2）数据获取组件

数据的来源不同，数据获取涉及的技术也不同。很多数据产生于网络设备，因此会有电信特有的探针技术，以及为获取网页数据常用的爬虫、采集日志数据的组件 Flume；数据获取之后，为了方便分发给后面的系统处理，常用 Kafka 消息中间件。从 Kafka 官方网站可以看到，其生态范围非常广，覆盖从发行版、流处理对接 Hadoop 集成、搜索集成到周边组件，如管理、日志、发布、打包等。

（3）探针原理

拨打电话、手机上网，背后承载的都是网络的路由器、交换机等设备的数据交换。从网络的路由器、交换机上把数据采集上来的专有设备是探针。根据放置的位置不同，探针可分为内置探针和外置探针两种。

①内置探针。探针设备和通信商已有设备部署在同一个机框内，直接获取数据。

②外置探针。在现网中，大部分网络设备早已经部署完毕，无法移动原有网络，这时就需要外置探针。外置探针主要由以下两个设备组成。

一是 Tapl 分光器。对承载在铜缆、光纤上传输的数据进行复制，并且不影响原有两个网元间的数据传输。汇聚局域网交换机（LANSwitch），即汇聚多个 Tapl 分光器复制的数据，上报给探针服务器。

二是探针服务器。对接收到的数据进行解析、关联等处理，生成可拓展威胁检测与响应（XDR），并将 XDR 上报给分析系统，作为其数据分析的基础。

探针利用分光设备从数据网络中获取各个接口的数据，然后将其发送至探针服务器进行进一步处理，包括数据解析和关联。经过探针服务器解析、关联的数据，最后送到统一分析系统中进行进一步分析。

（4）探针的关键能力

①大容量。探针设备需要和电信已有的设备部署在一起。一般来说，原有设备的机房空间有限，所以探针设备的高容量、高集成度是非常关键的能力。探针负责截取网络数据并解析出来，其中最重要的是转发能力，对网络的要求很高。高性能网络是大容量的保证。

②协议智能识别。传统的协议识别方法采用服务提供者接口（SPI）检测技

术。SPI 对 IP 包头中的"5Tuples",即"五元组(源地址、目的地址、源端口、目的端口及协议类型)"信息进行分析,来确定当前流量的基本信息。

过往的 IP 路由器可以通过解析 IP 包中的信息来实现一定的流量识别和服务质量(QoS)保障。然而,SPI 只能分析 IP 包四层以下的内容,并根据 TCP/UDP 端口来识别应用。尽管这种端口检测技术效率很高,但是随着 IP 网络技术的发展,其适用范围也越来越小。目前,一些网络应用协议依然使用固定的知名端口进行通信。因此,针对这些网络应用流量,可以采用端口检测技术进行识别。

二、大数据对人工智能发展的技术支持

在 21 世纪,大数据和人工智能紧密相关,大数据是人工智能发展的第一步。随着数据量的激增,企业开始借助数据来实现过去只有人才能完成的脑力劳动。因此,大数据成了人工智能的前提。

近年来,关于大数据与人工智能的讨论与研究一直在持续。越来越多使用大数据与人工智能技术的软件与网站出现在我们的生活之中,为无数人的生活与工作带来了便利。与此同时,大数据技术与人工智能技术渗透到了各个行业,颠覆了很多常规行业的运作模式。

大数据是人工智能发展的重要驱动因素之一。以下是大数据如何助力人工智能的几个方面。

1. 训练和学习

人工智能算法需要大量的数据进行训练和学习,以提高模型的准确性和泛化能力。大数据提供了丰富的训练样本,使得人工智能算法可以从中学习到更多的模式和规律。

2. 特征提取和模式识别

人工智能算法需要识别和提取数据中的特征和模式,以便做出准确的判断和预测。大数据提供了更丰富的样本和变量,使得人工智能算法可以更好地理解数据中的特征和模式,从而提高算法的准确性和鲁棒性。

3. 数据驱动的决策

人工智能算法可以通过分析大数据来辅助决策。大数据中包含了丰富的信息和趋势,可以帮助人工智能算法做出更准确的决策。例如,大数据可以用于金融领域的风险评估、市场预测等。

4. 模型优化和改进

大数据可以用于优化和改进人工智能模型。通过分析大规模数据，人工智能算法可以发现模型中的不足之处，并据此进行模型的调整和改进，这样可以提高模型的准确性和性能。

5. 实时响应和个性化推荐

大数据使得人工智能算法可以实时地分析和处理数据，以提供实时响应和个性化推荐。例如，电子商务平台可以基于用户的个人喜好和购买历史推荐商品。

第五章　人工智能的实践应用

人工智能是当今时代具有代表性的新一代信息技术体系构成之一，旅游、家居、制造、物流等经济生活的各个方面都有智能技术参与其中，相关应用大幅度促进了人类社会的数字化、网络化、智能化发展。本章围绕智慧旅游、智慧医疗、智能家居、智能制造、智慧城市、智慧教育、智慧农业、智能物流等内容展开研究。

第一节　智慧旅游

一、智慧旅游概述

（一）智慧旅游的概念

"智慧旅游"是旅游产业与科技创新的跨界融合，也是旅游产业发展的高级阶段。"智慧旅游"是旅游信息化不断发展的必然产物，其目标是通过为游客提供全方位、人性化的服务来增加他们的旅游体验。

（二）智慧旅游的特征

1. 主动感知

与传统旅游产业不同，智慧旅游的运行与服务模式是充分利用互联网、物联网、人工智能等信息技术设备和装置，主动记录游客旅游的全过程、全空间、全要素的数据。在该状态下，游客的全部数据是被设备主动发现和记录的，游客处于"被感知"状态。

2. 个性推荐

个性推荐是利用云计算、大数据和人工智能技术，根据游客的审美习惯、消费行为等，考虑旅游目的地的资源条件，设计个性化的旅游方案并向游客进行推送。这种个性化推荐可以提高旅游服务的质量和效率，满足游客的个性化需求，推动旅游业的发展。

3. 生态协同

智慧旅游通过整合旅游垂直细分平台、电子商务平台和社交平台等各种旅游供给要素，为游客提供个性化的旅游方案。这些方案会考虑游客的旅游偏好和支付能力，并提供整体性和系统性的解决方案。智慧旅游的核心是利用数字平台与游客进行互动，并根据游客的需求提供及时的旅游信息和服务。通过数字化的手段，旅游企业能够将分散的供给要素和信息整合起来，形成一个紧密协作的服务生态系统，以满足游客的多元化需求。随着数字技术的不断发展，智慧旅游将在未来继续发展，为游客提供更加个性化和便捷的旅游体验。

4. 激励创新

智慧旅游服务可以促进各主体之间的相互作用，激发创新活动。智慧旅游通过提高服务理念，改善传递方式、服务流程和服务运营系统等方面，向游客提供更高效、周到、准确和满意的服务，创造更大的服务价值和效用。通过引入数字平台，智慧旅游促进了旅游要素的重新分解和组合。基于数字平台生态系统的视角，游客与旅游企业之间的互动更加方便，有利于深入挖掘游客的需求，促进智慧旅游服务模式的创新。数字平台可通过数据分析和智能算法了解游客的兴趣、偏好和行为特征，为他们提供个性化推荐和定制化建议。同时，数字平台还可以提供丰富的旅游信息和互动平台，游客可以通过平台获取旅游目的地的实时信息、交流经验和分享感受。

二、智慧旅游的重点

（一）面向体验的服务创新与改进

智慧旅游不仅仅是传统旅游的升级，更是一种服务升级。游客在到达一个陌生的旅游目的地之前，总是希望通过最快速、最便捷的途径来了解与之相关的各种信息，方便自己游览观光。在到达旅游目的地之后，游客也需要实时对其感兴趣的旅游信息进行认知和选择，以获得预期的旅游体验。

美国经济学家 B. 约瑟夫·派恩（B. Joseph Pine Ⅱ）与詹姆斯 H. 吉尔摩（James H. Gilmore）根据旅游者参与的主动性与投入程度，将旅游体验划分为娱乐型体验、教育型体验、逃避型体验和审美型体验四种类型，认为每个旅游者的旅游经历都是以上四类体验不同程度的结合。四类体验的中心集合点就是"美好的甜蜜地带"，在这个地带，活动对象达到一种"畅爽"境界。

智慧旅游以个性化的体验服务吸引旅游者，用高层次的服务为旅游者带来符合其愉悦感的审美体验感受，这是智慧旅游体验的目标，也是智慧旅游的核心。在旅游需求升级的当下，游客需求的多样化、柔性化、个性化特征日趋明显，游客对旅游产品的知识性、差异性、延伸性、参与性与补偿性要求程度不断提高。由此引发了学者对旅游产品创新的思考。虚拟旅游、夜间旅游、露营旅游、房车旅游等业态的火爆为旅游产品大家族增添色彩，也不断刷新着游客的旅游体验。

创新旅游产品与服务十分考验旅游提供者的智慧和创造力。对于旅游者服务这一消费终端，供应者需要有敏锐的感知力和洞察力去察觉游客需求的刺激点，明确选择的触发点和提升体验的关键点，并基于充足可靠的数据支撑和技术支持、友好舒适的旅游环境和完善规范的市场环境，提供便利化、个性化、精确化的高质量旅游服务。其中，旅游者随身携带的移动终端和分布在行程特定位置的展示与服务终端将是重要的沟通平台。

（二）面向管理的多方协同与规范

旅游行业规范高效的管理运作是提供优质旅游产品的有力保障。智慧旅游的发展颠覆了传统旅游业的管理形态，推动着旅游行业管理方不断进行调整。涉旅企业、旅游相关政府部门和组织机构等组成的智慧旅游管理体系已成为智慧旅游发展的关键。

当前，不同业态、不同发展阶段的旅游经济实体大多已经各自建立了多种信息化管理体系，但各自为政的信息化建设导致不同信息平台承载的服务环节信息处于相对独立状态，产生了信息孤岛。同时，一些城市的旅游资源管理主体不够清晰，形成了多头并管，造成管理混乱、相互制约、缺乏协调统一的局面。这种多头管理、区域分割和分散管理的现状，造成旅游信息分布不均衡、信息渠道不通畅，难以形成覆盖旅游行业全局的管理信息体系。

由此，建立统一标准的智慧旅游管理体系成为各方探讨的重要问题。完善的体制规划是产业发展的前提与保障，旅游行业信息化管理体制的完整规范和有关各方管理体系的高效协同成为智慧旅游发展的必要条件。

多方协同、全面覆盖的旅游管理体系建设是旅游业发展的大势所趋，也是智慧旅游建设的重要组成部分。有关各方应及时意识到这一重要性，积极搭建平台、开展协作，通过价值共创共享机制，将不同产业有机融合，进一步扩大旅游产业边界，扩展旅游产业运行空间，以友好平等、互利共赢的原则达成协调各方、开放高效的管理体系和规范，并在实践中加强合作，充分利用信息化和智慧管理的便利成果。

（三）面向资源的充分衔接与整合

城市是旅游活动的集散地，是游客到达旅游目的地的第一落脚点与最后接触点，城市的设施与服务的优劣在游客对此行程满意度的评价中占据着重要作用，也从一定程度上影响着游客对该旅游目的地的印象。城市基础设施建设、环境卫生、治安管理、金融服务、通信服务、医疗保健、公共服务等很多因素不同程度地影响着城市的智慧旅游系统。

智慧旅游的建设需要与外部智慧城市建设和内部各子系统的建设进行充分衔接与整合。智慧旅游的建设是一项庞大的工程，需要城市内部上从政策法规，下到设施设备的全方位保障，这个链条上的每一个节点都扮演着重要的角色，都是必不可少的一环。城市景区（点）、酒店、交通等智慧设施作为游客直接接触的"前台"，以数据资源为核心的物联网与互联网系统提供"后台"支撑，二者的完全连接和融合，才能使智慧体系发挥得当、配合紧密。智慧旅游用网络、通信等技术把涉及旅游资源的各要素联系起来整合为旅游资源核心数据库，为游客提供更高阶的信息服务，智慧的旅游服务基础设施为游客提供旅游互动体验，二者共同为提升游客满意度而服务。

智慧旅游管理模式在大数据时代的发展需求中具有重要意义。以下是一些智慧旅游管理模式的优势和意义。

一是提升旅游资源优化配置效率。通过大数据分析和智能决策支持系统，智慧旅游管理模式可以更好地了解旅游资源的供需情况，优化资源配置，提高资源利用效率，减少资源浪费。

二是增强游客体验满意度。通过智能化的旅游服务，如智能导览、虚拟现实等技术，智慧旅游管理模式可以为游客提供更加个性化、便捷和优质的旅游体验，增加游客的满意度。

三是推动地方旅游产业升级优化。智慧旅游管理模式可以促进旅游产业链上下游各个关键系统的高效协作，提升整个地方旅游产业的运行效率和竞争力，推动产业升级与优化。

四是实现行业监管的动态化、适时化。通过智能交通管理和监测系统，智慧旅游管理模式可以及时掌握游客的旅游活动信息，实现行业监管的动态化和适时化，提高旅游市场的管理水平和效果。

五是实现信息共享与协作。通过智慧城市建设，旅游产业可以与其他部门进行信息共享和协作，更好地处理旅游投诉和质量问题，维护旅游市场的秩序和形象。

依托目的地旅游资源、市场资源、技术资源、人才资源等资源，旅游产业链相关方密切配合，并将资源充分信息化，通过统一平台、互通端口、人员交流、共办活动、共建组织等方式实现各自资源的衔接和信息的交流，优势互补、共同发展，实现资源的最优化配置和信息的最大化利用。

三、智慧旅游发展的意义

互联网带来的旅游变革几乎覆盖旅游价值链中消费端和生产端的各个环节，渗透到旅游服务、管理、营销等方方面面，尤其在促进智慧城市建设、丰富供给侧结构性改革、满足消费者需求、助推双创（大众创业，万众创新）经济发展、加速完善旅游体系、支撑全域旅游发展、提升旅游市场竞争方面具有重要影响和作用。

（一）全方位支撑智慧城市建设

作为智慧城市建设的重要组成部分，旅游业在信息技术带动下的"智慧"化转型升级发展趋势也初现端倪。2011年，国家旅游局部署了"智慧旅游城市"的试点工作，正式确定"国家智慧旅游服务中心"，并基于对成功数字景区经验的认真总结，逐步提高了精品旅游景区的数字化水平，同时鼓励旅游酒店、旅游车船公司、旅游购物公司在信息化建设方面大胆探索，不断提高对游客服务的智能化水平。

（二）微视角丰富供给侧的内涵

智慧旅游的发展在借助人工智能技术的基础上，使旅游业回归本质——以游客为中心，以物联网、云计算、下一代通信网络、智能数据挖掘等技术为支撑，并将这些技术应用于旅游体验、产业发展、行政管理等诸多方面，以提升游客在旅游活动中的自主性、互动性，为游客带来超出预期的旅游体验，让旅游管理更加高效、便捷，为旅游企业创造更大的价值，提供适于游客的各种服务、营销和管理方式，同时不断提升涉旅企业（包含旅游景区、酒店餐饮、交通运输、旅行社及各类旅游服务供应商、代理商等）、旅游管理部门（包含各级旅游行政管理部门）的管理和服务水平，为打造传统旅游产业的升级版提供关键支撑。总之，智慧旅游强调旅游产业与人工智能之间的有效融合，本质是通过整合旅游资源，达到资源最优配置、扩大有效供给的目的。

（三）高效度助推双创经济发展

一方面，互联网用户和在线交易的增长将促进旅游业与互联网技术的深度融合，形成以"旅游＋互联网"为平台的产业创新发展和转型升级的新路径。这意味着旅游业将借助互联网技术进行创新和发展，形成新的旅游方式和商业模式，进一步推动旅游业的发展。

另一方面，互联网用户和在线交易的增长也将进一步推动"旅游＋互联网"整合资源、整合市场能力的大幅度提升，促进旅游业在更大范围内的跨界扩张、融合和渗透。这意味着旅游业将借助互联网技术实现资源的优化配置，扩大市场范围，提高市场竞争力，进一步推动旅游业的发展。最终，这些影响将使"旅游＋互联网"成为新常态背景下扩大内需、拉动投资、推动经济发展的新动能，对高效助推双创经济产生重要影响。

（四）立体化应对旅游市场竞争

智慧旅游发展的竞争归根到底是科技的竞争。智慧旅游利用先进的信息网络技术和装备，实现对各类旅游信息的准确感知和及时利用，从而实现旅游服务、管理、营销和体验的智能化。将信息技术与旅游业相结合，可以促使旅游业向综合性和融合型转型，满足不断变化的游客需求。作为游客市场需求与现代信息技术的结合，智慧旅游推动了旅游业的创新发展。它不仅可以提升旅游业的发展水平，还可以促进旅游业的转型升级，提高游客的满意度。通过智能化的旅游服务，游客可以更加方便地获得旅游信息和服务、个性化的推荐和定制化的行程安排，使旅游更加便捷、高效和有趣。同时，智慧旅游可以提升旅游业的管理效率，实现资源的合理配置和优化利用，提高旅游业的竞争力。

（五）加速助推全域旅游发展

传统的资源整合方式往往局限于个人或企业的能力范围，难以进行大规模、广范围的整合。然而，随着互联网的发展，我们可以利用互联网的数据融合和挖掘能力来整合旅游资源，为旅游目的地和旅游市场提供更广阔的资源平台。

从旅游投资并发方面来讲，互联网的出现使得众创、众筹等新的模式成为可能。我们可以利用互联网平台集结资金、技术，进行旅游项目的开发建设、经营管理等各方面的有机整合。通过打通旅游、金融、互联网和资源环境、基础支撑、配套服务等各个方面，互联网可以在投融资、策划与规划设计、建设施工、经营管理和消费等环节中起到重要作用，从而对全面助推全城旅游发展产生重要影响。

（六）立体化完善旅游发展体系

智慧旅游涉及游客、政府部门、旅行社、酒店、景点、交通服务商、旅游商品提供商及其他服务商等。智慧旅游能够深化旅游产业链，重构产业链形态，由单一价值链升级为多维价值网，增加产业附加价值。在线旅游产业链以互联网的信息制造及信息传输为载体，以旅游产品供应商、在线旅游中间商、消费者为主体，涵盖旅游产品从供应商生产、代理商营销到消费者消费的一系列传递过程。智慧旅游体系的建成，将改变游客的行为模式、企业的经营模式和行政部门的管理模式，引领旅游进入触摸时代、定制时代和互动时代，从而逐步改变整个产业的运营模式，对实现精准掌握游客消费动态、系统反馈游客体验、全面制定营销策略、高效提升管理和服务水平、助力科学决策等目标产生重要影响，成为促进整个旅游行业健康发展的关键支撑。

（七）多渠道提升消费者的体验

互联网旅游极大地改变了消费者的旅行选择，方便消费者的旅行过程。首先，在信息的获取上，互联网信息查询、点评网站、自助出行网站使得消费者可以更有效率、更具针对性地获取旅行相关信息，完成初步的市场细分，进而按照消费渠道进行消费。互联网旅游显著升级旅行体验，微信、微博等社交平台的发展使得旅行者在享受自然风光、人文景观之外，还可获得社会给予的互动式、社交型旅行体验，两者呈现螺旋互动之态，共同提升消费者的旅行体验。2016年，国家旅游局已同意在携程等八家企业开展导游管理改革创新相关试点工作，打造"导游预约平台"，为全面提升旅游服务质量和水平、丰富游客体验起到典型示范作用。

四、人工智能在智慧旅游中的实践应用

人工智能的出现使机器可以完成一般由人类智力完成的任务，如语音识别、图像认知、决策或学习。通过处理非结构化和非量化的海量数据，人工智能可以用复杂算法寻求解决方案，所以人工智能在某些方面与传统的计算应用相比具有十分显著的优越性。不管是预测需求、优化旅程、自动翻译，还是实现航班行程和旅游产品的动态组合，算法都可以在当代旅游业中发挥重要作用。

（一）人工智能建设智慧旅游市场

人工智能的发展将对旅游、酒店及相关产业产生深远的影响。人工智能技术在旅游社区的路线设计、酒店云端系统技术、在线搜索和收益管理等方面的应用

已经取得了显著的进展，提高了运营效率和游客体验。在酒店行业中，人工智能可以通过云端系统进行精准营销和吸引游客、简化预订流程、提升游客体验、提高预订决策效率。特别是人工智能软件可以有效识别处于选择期的游客，并通过在线预订引擎推送产品，提高购买率和流量的转化率。人工智能的数据深度分析还能提供口碑管理、产品服务提升、市场预测和竞争分析，对战略布局和收益管理等方面提供支持。旅游产业也将迎来人工智能时代的改变，许多旅游企业正在布局和应用人工智能的全新运行系统。基于大数据的客户服务将为游客提供更精准的服务体验，员工在面对游客时也会更多地借助人工智能技术，从而提高效率和服务质量。然而，人工智能并不会完全取代员工，而是帮助员工提供更复杂和高质量的面对面服务，提升游客的旅游体验，全球旅游产业的人力资源战略将需要进行重大调整。

总的来说，人工智能的发展将在旅游、酒店及相关产业中引发巨大的变革。它将提高企业的运营效率和服务质量，提升游客体验，同时也对人力资源战略产生重大影响。旅游企业和酒店行业需要密切关注并积极应对人工智能带来的机遇与挑战，以适应新的发展趋势。

（二）虚拟现实技术更新了解世界的方式

虚拟现实技术通过动态环境建模、实时三维图形生成和立体显示传感器技术，可以让人们身临其境地感受到虚拟景象，改变人们看世界的方式，对人们的社交和生活方式产生深远影响。众多科技企业也在加大对虚拟现实技术的投资，使其逐渐普及。从产业角度来看，虚拟现实技术可以分为消费级和企业级两类：消费级虚拟现实技术注重内容，主要应用于游戏、影视和直播等领域；企业级虚拟现实技术平台还处于发展初期，其中教育和培训的巨大需求是企业级内容市场快速增长的主要原因之一。通过虚拟现实技术，游客不仅可以看到景区的各个细节，还可以访问未对外开放或不定期开放的旅游资源，接受更加深入的景点讲解和多方位展示。人们可以在虚拟环境中游览旅游目的地，特效技术还能提供真实环境无法提供的强烈感受和丰富体验。这种技术能够大大增强游客对旅游目的地的认知和体验，对旅游行业具有巨大的影响力。

然而，虚拟现实技术在旅游领域的广泛应用还面对着一些挑战，如设备成本、技术成熟度和内容创作等问题。但随着技术的不断发展和成熟，我们相信虚拟现实技术将会在旅游产业中扮演越来越重要的角色，并带来全新的旅游体验和产业模式的改变。

虚拟现实技术与旅游的结合，可以为游客提供身临其境的旅游体验，并帮助他们做出更正确的旅游决策。例如，一些旅行类网站已经引入了虚拟现实技术，让游客在预订酒店时能够更直观全面地了解酒店的信息，从而提供更好的决策依据。通过虚拟现实技术，游客可以在虚拟环境中实时浏览酒店房间、公共区域和周边环境，感受房间的大小、设施的布局等，帮助他们更好地了解酒店的实际情况。此外，一些旅行社也推出了虚拟现实旅游体验，为游客提供出行前的目的地虚拟体验、虚拟现实的游乐项目、旅游目的地的虚拟现实辅助景观重现和特殊线路的虚拟现实还原等。这些虚拟体验可以让游客更直观地了解目的地的风景、文化和旅游项目，帮助他们在出游前做出更好的线路选择。通过沉浸式的虚拟现实预先体验，游客能够更好地感受到旅游的乐趣和刺激，从而激发他们的旅游兴趣，促使他们购买旅游服务。

虚拟现实技术可以提升游客的旅行体验分享水平。例如，酒店测试应用虚拟现实科技，让游客分享旅行体验，游客只需戴上虚拟现实头戴设备，就可以以三维形式360°身临其境地对其他游客的旅行记录和评价进行观看。在旅游行业中，虚拟现实技术被视为未来主要的应用方向之一。推动虚拟现实技术在全球旅游行业的应用主要有以下三个因素。

1. 市场竞争的激烈

随着旅游市场竞争的加剧，旅游企业需要寻找新的方式来吸引游客。虚拟现实技术提供了一种创新的体验方式，可以让潜在的客户在旅行前就感受到目的地的独特魅力，从而提高旅游企业的市场竞争力。

2. 游客期望值的提高

现代游客对旅行体验的期望越来越高。他们希望通过更多的互动和感知方式来了解目的地，而虚拟现实技术正好满足了这个需求。通过虚拟现实，游客可以在安全且无风险的环境中体验未知的新事物，满足他们的探索欲望。

3. 营销策略的优化

虚拟现实技术也为企业提供了一种创新的营销策略。通过制作虚拟现实旅行体验，企业可以向全球各地的潜在客户展示他们的产品和服务。这种方式比传统的广告更具有吸引力和影响力，也更有利于建立品牌形象。

总之，虚拟现实技术在旅游行业的应用正在改变我们的旅行体验分享方式，它不仅提高了旅游企业的市场竞争力，还满足了现代游客对旅行体验的高期望。

随着技术的进步和应用的推广，我们期待未来能够享受到更加丰富和多样化的旅行体验。

第二节　智慧医疗

一、智慧医疗概述

（一）智慧医疗的概念

智慧医疗是指在诊断、治疗、康复、支付、卫生管理等多个环节，利用计算机、物联网、人工智能等技术，建设医疗信息完整、跨服务部门且以病人为中心的医疗信息管理和服务体系，实现医疗信息互联、共享协作、临床创新、辅助诊断等多种功能，以提高治疗效率、减少医疗消耗、提升医疗服务。

（二）智慧医疗的优势

早期，医疗行业中存在三大痛点，包括碎片化的医疗系统（即多种数据间未连接在一起，存在"数据孤岛"的现象）、医疗资源供不应求（即医护人员供给不足、初级卫生保健体系欠缺、商业保险覆盖率低、严重依赖社会保险等）和城乡医疗资源配置不均衡。由此可见，传统的医疗服务已无法解决医疗行业的痛点。因此，在该背景的推动下，智慧医疗得到了快速发展。相较于传统的医疗服务模式，智慧医疗具备以下三方面的优势。

一是智慧医疗通过利用传感设备和医疗仪器，可以自动或自助地采集人体生命的各类特征数据。这样可以减轻医护人员的负担，同时也能够获得更丰富的数据信息，有助于提高医疗诊断的准确性和效率。

二是智慧医疗通过无线网络将采集到的数据传输至医院的数据中心，实现远程医疗服务。医护人员可以基于数据为患者提供远程咨询、诊断和治疗，提升用户的就医便捷性和体验感。此外，远程医疗还可以缓解患者排队等待的问题，减少交通成本，提高医疗服务的效率。

三是智慧医疗还可以将数据集中存放和管理，实现数据的广泛共享和深度利用。这有助于解决关键病例和疑难病症的诊断与治疗困难。同时，智慧医疗可以以较低的成本为亚健康人群、老年人和慢性病患者提供长期、快速、稳定的健康监控和诊疗服务，降低发病风险，减少对稀缺医疗资源的需求。

二、智慧医疗的结构体系

（一）产业链条

智慧医疗的产业链包括医院方、患者方及第三方。

1. 医院方

医院方主要有智能化的医疗器械设备、医疗信息化及远程医疗。其中，医疗信息化是指医疗服务的数字化、网络化、信息化，并融合计算机科学、现代网络通信技术及数据库技术于一体，为各医院之间及医院所属各部门之间提供病人信息和管理信息的收集、存储、处理、提取和数据交换。远程医疗借助移动通信、物联网、云计算、视联网等新技术实现远程医疗操作，并且众多智能健康医疗产品也逐渐被商家开发出来。

2. 患者方

针对患者方，商家等开发出了智能的可穿戴设备、移动医疗 App 等。可穿戴设备具有便携的特点，可为不同的患者提供实时监测，方便患者与医院之间的联通，使广大患者能够实现"小病不住院，大病及时治"。这项技术将大大降低患者的住院率和就诊率。移动医疗 App 主要为患者提供线上问诊、预约挂号、药品采购及专业信息查询等服务。

3. 第三方

第三方独立于患者和医院之外。第三方可用信息化的手段实现医疗保险支出的智能管控，保证医疗保险基金的合理使用与高效运营，这大大减少了患者与医护工作者之间的利益冲突。

（二）体系架构

智慧医疗的体系架构包括应用支撑云平台、基础设备层、标准规范体系及安全保障体系。

1. 应用支撑云平台

应用支撑云平台主要提供智慧医疗公众访问平台，该平台是一个以用户为中心的综合居民健康服务体系，它能监测和评估居民的健康状况、疾病的发展及康复治疗的全过程，为患者提供个性化的健康咨询和自我健康管理等服务。这个平台能够实时收集和分析居民的健康数据，为医护人员提供决策支持和资源分配的参考依据。同时，它还允许居民通过手机或其他设备访问医疗服务，享受提前预约、远程诊断、在线咨询等便捷的功能。整个体系的主要目的是提高健康服务的便捷性、个性化和质量，为居民提供更好的医疗体验。

应用支撑云平台可分为服务平台层和基础支撑体系。服务平台层包括智慧云服务平台和智慧云数据中心。智慧云服务平台是一个一体化平台，主要用于医疗机构的数据采集、交换和整合。它通过提供统一的基础服务，实现了以居民健康档案为核心、以电子病历为基础、以慢性病防治为重点、以决策分析为支撑的智慧云服务。各医院通过该平台实现医疗数据的联通，构建了智慧医疗数据中心。智慧云数据中心集合了各医疗机构的诊疗数据，并具备数据挖掘和分析的能力，为医疗决策者提供有力的数据支持。基础支撑体系旨在提升医疗数据的互通性和分析能力，为医疗决策提供科学依据，并最终提升医疗服务的质量和效率。

2. 基础设备层

基础设备层主要由智慧感知层和医疗卫生专网组成。智慧感知层由不同种类的传感器及传感网构成，传感器和传感网一头连接移动终端，另一头连接云服务系统，起着数据桥梁的作用。这能够高效、全面地获取相关医疗信息，包括图像识别及数据传输等。医疗卫生专网主要采取运营商统筹、专线接入及互联网经虚拟专用网络（VPN）接入三种接入方式。医疗卫生专网不仅能够实现医疗领域的信息统筹，还能够实现智慧城市等其他领域网络的融合、共享和安全，从而实现整个智慧城市网络的传输和统一管理。

3. 标准规范体系

标准规范体系是智慧医疗建设的基础工作，是各个环节应用和开发的准则。"统一规范、统一代码、统一接口"是智慧医疗建设的原则，规范的业务梳理和标准化的数据定义为智慧医疗建设提供了既定的标准和技术路线。标准规范体系主要包括智慧医疗卫生标准体系、电子健康档案及电子病历数据标准与信息交换标准、智慧医疗卫生系统相关机构管理规定、居民电子健康档案管理规定、医疗卫生机构信息系统介入标准、医疗资源信息共享标准、卫生管理信息共享标准、标准规范体系管理八大规范体系，其在不同的部门发挥着不同的规范作用，从而实现智慧医疗整体化规范，规避智慧医疗建设过程中不必要的风险。

4. 安全保障体系

安全保障体系对于智慧医疗的建设非常重要。建设智慧医疗系统时，需要考虑并采取物理安全、网络安全、主机安全、应用安全、数据安全和安全管理等方面的措施，以确保系统的安全性和保护患者数据的隐私和完整性。

物理安全主要涉及对设备和设施的保护，包括控制设备的访问权限、安装监控摄像头、使用防盗系统等措施。

网络安全涉及对网络的保护，包括网络防火墙、入侵检测系统、虚拟专用网络等技术手段，以防止未经授权的访问和网络攻击。

主机安全关注服务器和计算机的安全，包括操作系统和应用程序的安全配置、漏洞修补、权限管理等措施。

应用安全涉及对智慧医疗应用程序的安全保护，包括对软件漏洞的修补、访问控制、身份验证、数据加密等措施。

数据安全是智慧医疗中至关重要的一环，包括对患者数据的保密性、完整性和可用性的保护，常使用数据加密、备份、恢复、访问权限控制等技术手段。

安全管理是整个安全保障体系的核心，包括安全策略的制定、员工的安全培训、安全事件的监测和响应等。

（三）技术架构

智慧医疗技术架构包括终端层、网络层、平台层。

1. 终端层

终端层既可以是接收端也可以是发出端，作为信息的接收端主要负责持续、全面、快速地收集信息，作为信息的发出端负责展示云系统储存的信息。人工智能设备可以将医生工作站、护士工作站及影像和检验工作进行一体化集成，为患者提供无人引导式就诊服务，同时对患者生命体征进行实时、持续的监测，还可以将患者的生命体征数据和危急报警信息通过 5G 传送给医护人员，医护人员通过及时获取患者全面的健康信息，为患者及时地做出病情诊断和医疗处理，从而提高患者的康复率和减少病死率。

2. 网络层

网络层主要负责实时、可靠、安全的信息传输。网络层覆盖面广，从医院到社区诊所，从大型影像设备到可穿戴设备，从独立的个性网络到共享网络均可覆盖。5G 技术的出现使各个领域间的信息传输具有实时高速率、低时延、广连接的特点。

3. 平台层

平台层能实现智能、准确、高效的信息处理。平台层主要是将收集来的信息进行存储、整合和分析，有着承上启下的过渡作用。它利用人工智能、云存储等信息技术，对从四面八方汇集而来的杂乱无章的信息进行整理、分析。当需要提取有用信息时，其可高速运转并输出有价值的资料。

三、智慧医疗的应用模式

（一）医疗服务信息化

互联网技术在医疗服务中的应用是最困难也是最迫切需要的一个领域，社会各界对此十分关注。言之重要，在于当下医疗服务需求旺盛但供给结构失衡、医疗效率有待提升、医生精力和能力如何实现价值最大化。言之困难，在于医疗服务专业高壁垒和人体结构的复杂性，具有较强的经验依赖度，并且关乎人民生命安全，稍有差池就会影响社会安全和稳定。因此，互联网技术在医疗服务的应用模式应该是以辅助诊疗为主，目前比较热门的具体应用形式主要如下。

1. 临床辅助决策系统

在高质量医疗资源稀缺性和不均衡性的大背景下，医生水平参差不齐，因此导致的漏诊、误诊等医疗事故层出不穷。同时，在现代医学的快速发展下，医疗知识体系爆炸，医生在繁忙的工作状态下，仅通过自身学习难以熟练掌握庞杂的专业知识，因而利用现代计算机技术来填补医疗市场所需技能与医生群体自身能力之间落差的迫切需求，直接催生了跨域单点登录（CDSSO）实现研发临床决策支持系统（CDSS）的最终愿景，即在工作流程中，通过正确的渠道，在正确的时间和正确的干预模式下，向正确的人提供正确的信息。

2. 电子病历

电子病历的推广是医院现代化管理的必然趋势，也是区域卫生信息系统的建设要求，有助于医院的系统化管理和患者信息的横向与纵向管理。目前，医院对病历的记录和储存实现了部分电子化，与传统手工记录方法相比较方便储存，但也存在一些问题。例如，目前电子记录的方式并未有效节省医生的时间，尤其是对于年龄较大的资深医生来说更是如此，同时每家医院的电子病历结构都有所差异。未来在电子病历的应用中应该从医生的角度设计合理的结构模式，同时可引入语音识别技术快速记录信息，为医生节约时间，使其投入更加重要和高技术含量的工作中去。

3. 在线医疗

关于在线医疗，本书将其分为远程诊断和在线咨询两种情况。其中，远程诊断包含远程专家会诊和互联网医院两种形式，在线咨询则主要针对那些基于互联网平台为用户提供医学建议的企业，这类企业多以 App 形式存在。远程诊断的应用在一定程度上避免了医疗地域发展不均衡的现象，为患者减少了交通成本，弥补了基层医生技术短板造成的不足。在线咨询则为医院分担了一部分就医需求并不强烈的患者或用户，分离了部分流量。

4. 人工智能医学影像

对于放射科、病理科等科室而言，人工智能在医学影像中的应用将为其从产业生态的角度带来创新和发展。人工智能医学影像可以为患者提供更加全面的诊断建议，降低误诊率。同时，人工智能医学影像还可以帮助医生快速定位病灶区域，提高诊断效率。

5. 虚拟助手

虚拟助手应用大数据和人工智能技术，形成知识库，提供多样化服务。在科研方面，利用大数据技术快速筛选案例和信息；在治疗期间，代替医生承担一些机械化的工作。同时，部分虚拟助手可以实现与患者的实时沟通对话，帮助其解决简单的疑问。

6. 数字一体化

依托智能医疗云平台，建设数字一体化手术室、规范国内一体化手术室标准，可以实现医疗资源共享、智能医疗系统及设备的管理，改变手术过程中的信息不对称现状，为每一位患者建立可视化手术档案。数字一体化手术室以患者为中心，将患者的医疗信息系统数据进行整合，形成数据云平台，实现异构整合的能力，解决手术室"信息孤岛"的问题。基于音视频技术，可实现主刀医生手术操作的全息记录，形成医疗视频资源，此类资源可用于教学、科研等，既是医院无形资产的积累，也是医院底蕴的呈现。数字一体化手术室的建设是医院实现数字化管理的标志性工程，可以提升医院的现代管理水平、科研水平、教育水平和知名度，创造社会效益和经济效益。

7. 数字人

通过对人体生理数据、检验数据、遗传数据等因素的分析，建立人体个性化模型，在研究个体的同时积累形成生命数据库，为医学研究减少探索时间，具体将从以下几方面实现应用：①疾病早期诊断；②提高疑难杂症治愈率；③加快药物研发进程；④提高医疗服务效果；⑤助力个性化医疗和精准医学。从横向和纵向两个角度对人体数据予以研究，实现医学事业的可持续性发展。

（二）智慧健康管理

智慧健康管理系统由智能健康风险评估设备、智能穿戴设备、智慧健康管理大数据平台、计算机后台或手机 App 组成，通过用户佩戴的智能设备实时收集的数据，经专用网络上传至医院信息系统进行分析，然后反馈至用户的终端，用户根据系统的"指导意见"调整生活或用药习惯，从而实现用户的智能健康管理。

①通过日常采集生活数据进行疾病预防。其实大部分疾病来源于我们平时的不良生活习惯，如久坐、酗酒、高脂饮食等。智能穿戴设备能够帮助我们监控生活中的小细节，然后将数据信息上传至服务器进行分析，预测当前的健康风险，并提出"指导意见"，降低用户患病风险。

②慢性疾病的管理。由于慢性病的特殊性质，慢性病患者往往需要坚持长期服药、定期复查，而智慧健康管理系统通过装有网络模块的各种通用医疗器械，如血糖仪、电子血压计、电子体温计等仪器，自动将数据统一传输至用户对应医院的监测管理平台，由专业医生进行诊断并反馈治疗意见，实现"足不出户"轻松自查，牢牢控制住病情发展。

③临床研究分析。进行随机对照实验是临床中常用的方法，或研究手术方案优劣，或做一些回溯性的研究，如果患者有保存定期测量数据的习惯，并将数据上传至云端，那么研究者可以直接从云端调取数据进行分析，这将大大减少临床研究的工作量，缩短临床研究的周期。

（三）智能医疗支付

医疗支付是就医过程的最后一环，也是患者选择就医途径的关键因素。互联网技术在医疗支付领域的应用相对来说涉医行为较少，其推广的重点在于技术能否满足支付需求，以及对于医疗数据的保护问题。互联网技术在医疗领域的具体应用形式表现如下。

1.移动支付

在医疗行业供求失衡的状态下，除了看病难、看病贵这两大问题，排队时间长也使得门诊客流量大、道路拥挤，传统的医院以现金、银联卡为主要支付手段，在互联网技术的介入下，可以实现柜台端的支付宝、微信支付，节约就医时间，甚至实现跨越地理空间的支付行为，缓解就医紧张问题。再者，各大在线诊疗平台在连接挂号服务的基础上，逐步推进就医行为的在线支付，如瑞慈医院开发的远程诊疗平台，患者在预约远程医疗服务的同时可以实现线上支付，极大地降低了空间地域成本和时间成本。此外，在医疗资源分布不均衡的情况下，互联网医院将是未来医疗发展的趋势之一，移动支付则是互联网医院顺利运行的必备条件，是患者导流的手段之一。

2. 智能理赔

在互联网平台发展的基础之上，很多保险公司除传统的保险代理渠道外，还在电子商务平台积极布局销售，并逐步实现线上推广、线上咨询、线上销售、线下下单等操作。即便如此，保险理赔过程中的材料收集、人工核保等过程依然会占用大量的人力和时间，这些烦琐的工作阻碍了理赔进度，审核人员工作量大导致客户的材料被搁置，进而引起客户抱怨的情况。通过大数据技术对客户信用、个人消费、收入情况等信息的收集建立客户画像，利用区块链对个人医疗记录和材料进行记账，以保障信息的真实性和可追溯性。在此基础上，引进人工智能机器学习技术进行智能核保可以实现理赔线上化，加快审核和理赔速度，简化流程的同时优化用户体验。更为重要的是，可有效地进行风险管控，保护保险公司和客户的利益，避免劣币驱逐良币的现象。

四、人工智能在智慧医疗中的实践应用

人工智能与医疗的深度融合是医疗领域未来发展的重要方向。未来医疗领域将从目前的工具、技术驱动向以价值医疗为核心的解决方案演进。癌症治疗、计算制药、精准医疗、公共卫生、脑机接口等是未来人工智能医疗技术重点发展的领域。

（一）人工智能癌症治疗

目前，治疗癌症的主要方法是手术治疗、化疗和放疗，但都有较大的副作用。随着微型肿瘤有机芯片与人工智能的结合，癌症的精准治疗成为可能。微型肿瘤有机芯片整合微电子系统、精密传感器、计算机系统和深度学习技术，能够针对不同患者模拟不同类型的肿瘤进行药物测试，研究该药物治疗肿瘤的效果及带来的副作用，医生根据测试结果为每位癌症患者选择个性化的治疗方案，这很有可能突破目前癌症治疗方法的局限性。

（二）人工智能计算制药

人工智能计算制药以智能计算的底层软硬件为基础、大数据为"原材料"、人工智能技术为催化剂来促进范式变革，加速传统制药行业的转型和升级。传统药物研发过程昂贵而耗时，自然流失率极高。为了找到安全有效的药物，人们要进行各种实验来测试数千种化合物。人工智能计算制药将大数据挖掘与分析技术、机器学习算法、前沿人工智能技术、高性能计算技术等方法有机联合起来，通过

现有的海量数据集更快捷、更准确地建立模型，以做到精确度更高的实验模拟，最终达到加快整个药物研发流程、提高药物设计成功率、节省研发成本的目的。

（三）人工智能精准医疗

精准医疗是一种以患者基因组信息为基础，结合蛋白质组、代谢组等相关信息，精准找到疾病的原因和治疗的靶点，以期为患者制订出最佳治疗方案的定制医疗模式。在传统的精准医疗中，基因组、蛋白质组等数据量庞大，人工实验和数据分析耗费大量的时间、人力、物力，而且检测准确率较低。未来，利用人工智能强大的计算能力，能实现海量数据的快速分析和挖掘，从而提供更快速、更精确的疾病预测和结果分析，实现患病风险预测、辅助诊断、靶向治疗方案制订、诊后复发及并发症预测等功能。

（四）人工智能公共卫生

目前，我国公共卫生领域尚处于人工智能应用的初期阶段。根据相关调查，我国传染病防控面临以下痛点：我国人口规模庞大且流动复杂、在追踪和排查感染者及密接者时工作难度极大、疾病监测预警系统尚不完备等。未来，人工智能将赋能传染病防控，在传染病暴发预测、传播与溯源路径排查、发展趋势预测等方面发挥作用。利用网络爬虫技术、自然语言处理等人工智能技术，可持续收集并分析全球重大公共卫生事件的数据，从海量数据中提取关键信息进行智能化分析，对传染病暴发做出可能性预测。利用深度学习技术，可根据出行轨迹、社交信息、暴露接触史等大量数据进行建模，结合感染者时间线及其密接者空间地理位置确定可能存在交叉感染的时间点与具体传播路径，为传染病溯源分析提供可靠依据。

（五）人工智能脑机接口

脑机接口是脑科学和类脑智能的重要研究方向，已上升为国家科技战略重点。脑机接口是实现人脑与机器之间的信息交互，是未来实现脑机智能融合的关键技术环节之一。我国脑机接口技术在算法层面已与国际先进水平同步，但在核心电子器件、高端通用芯片及基础软件产品等诸多领域仍存在短板和"卡脖子"问题。医疗健康领域是脑机接口最初、最直接和最主要的应用领域，也是目前最接近商业化的应用领域。脑机接口在医疗健康领域的应用主要集中在监测、替代、改善/恢复、增强和补充五大功能。除此之外，基于神经刺激的脑机接口具有神经调控的功效，可用于阿尔茨海默病等脑功能障碍疾病的治疗康复。

第三节　智能家居

一、智能家居的发展阶段

从产品发展形态的角度看，智能家居经历了单品智能化、互联网智能化和物联网智能化三个发展阶段。我们应该注意的是，这三个阶段的划分具有一定的相对性。实际上，它们是连续、渐变的过程，是不能完全分开的。

（一）单品智能家居阶段

单品智能家居阶段是指智能家居产品主要停留在单件的家具用品或个别子系统在以往自动化的基础上使用计算机、单片机、微处理器和其他编程设备进行控制，因而具有一定的智能控制功能的阶段。当然，单品智能家居阶段也包括部分产品之间的联动，如自动洗衣机、智能冰箱、数显自动电饭煲、密码智能卡门锁、家庭影院、家用安防监控系统等。

单品智能家居阶段表现出来的主要特点是，单个智能产品或小系统有一定的智能化功能，但是不能实现全面联网，或者说不能够系统地控制家中的各种智能设备。因此，使用的效率是比较低的。例如，家用遥控器问题就比较烦琐，电视机、电风扇等都需要配备一个单独的遥控器。

（二）互联网智能家居阶段

互联网智能家居阶段是指，伴随着互联网的出现与发展，蓝牙、Wi-Fi 和 ZigBee 等无线技术的相继应用，单品智能化智能家居环境升级的阶段。人们可以通过一个智能家居中央管理控制系统（如路由器、智能网关或服务器等），把家中能够上网的家用电器等整合为一个统一的智能家居系统，还可以通过互联网和通信网络与外界联系，使人们在计算机或手机上就可以远程操控和管理家中的设备。

互联网智能家居阶段表现出来的主要特点就是"网络化"。相继出现的路由器或智能网关等逐渐成为智能家居的中央控制系统，这是互联网智能家居阶段的核心、智能家居的入口，也是各商家的必争之地。这一阶段的产品已经相当成熟，发达国家比国内要普及应用得早一些。

（三）物联网智能家居阶段

确切地说，物联网智能家居目前还处在研发阶段。物联网智能家居阶段是指万物互联和人工智能广泛渗透的智能家居阶段。这一阶段不但能够通过互联网实现对家居设备的远程和实时监控，而且各种家居设备也能相互连接，实现人与物、物与物的互联互通，同时机器还能够理解人的意图并主动为人们服务。因此，也有人称之为"人工智能家居阶段"。现在，一些有实力的国内外知名企业都在投入重金，以期积极研发和推出不同类型的人工智能家居新产品，并形成自己的生态圈。物联网是互联网的延伸，是互联网的智能化。随着5G和物联网工程的全面实施，大数据、云计算、人工智能等下一代新技术的应用，下一个万亿级的物联网智能家居市场正在等着被开发。

此外，现在智能家居联网存在有线和无线两种形式：一般的情况下，在同一个智能化家居系统中两种联网形式是并存的，一些子系统是通过Wi-Fi、蓝牙、ZigBee等技术实现无线连接的，另一些子系统则是通过家庭布线（电话线、网线和电力线）有线连接的。不过，现在有一种发展趋势就是实现智能家居系统的全屋无线化。

二、智能家居的技术与平台

（一）三网融合技术

三网融合（见图5-1）的互联互通和资源共享不仅可以推动信息和文化产业的发展，提升国家经济和社会的信息化水平，还可以满足人民群众日益增长的多样化生产和生活服务需求，促进国内消费，打造新的经济增长点。经过多年的理论研究和发展，三网融合已经取得了质的突破。在广义上，三网融合是一个社会化的概念，目前并不意味着要将电信网、广播电视网和互联网这三个网络的物理硬件统一起来，而主要指的是融合原本分散在不同网络中的语音服务、数据服务和视频服务等应用。

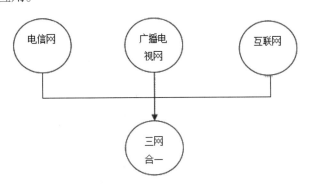

图5-1　三网融合示意图

三网融合实现了原本独立运行在各个网络中的服务之间的合作，在通信服务方面提供了语音、数据和图像等多种媒体的综合服务。这种融合为家庭用户带来了更灵活的控制服务，从而有效提升了用户的生活质量。

一方面，三网业务应用的融合为智能家庭服务的多样化和增值提供了更多的可能性，为用户提供了更加丰富和便捷的服务体验。通过三网融合，原有的家庭服务功能得到了增强，如数字化音乐、网络游戏、手机媒体、手机电视、手机游戏等服务得到了进一步发展。同时，不同服务之间的交叉融合也带来了更多丰富的增值服务类型，如图文电视、视频邮件、网络电话和视频点播等服务，拓展了智能家庭服务的范围。在智能家庭中，电视可以作为各类服务展现的显示终端，而机顶盒、计算机等网关设备则可以作为服务的处理器。此外，遥控器、键盘等设备也可以作为服务的控制器。随着更多服务在智能家庭中的应用，用户足不出户就能够了解更多信息。

另一方面，三网融合为智能家庭服务的智能升级提供了有力的支持和保障。在智能家庭中，各种家电设备可以通过互联网和家庭网络互联互通，形成了家庭物联网。用户可以通过控制器或其他接入设备，以及家庭网络向家电设备发送指令进行控制。同时，用户也可以通过互联网将指令发送到家用网关，实现对家电设备的远程控制。智能家庭服务系统的智能化程度对家庭物联网的运行效果起着重要作用。成熟的智能家庭服务系统能够集中管理和控制家庭中的各个家电设备，使用单一集成设备完成上网、智能控制、远程监控等智能家庭服务的处理。这样的系统可以自动调用不同网络所提供的服务，满足用户的多样化需求。当前，我国出台了多项政策，旨在加强各个网络之间的融合和整合，为智能家庭服务系统的发展提供有力的保障。三网融合将加强智能家庭服务系统与电信网、广播电视网和互联网的连接和交互，促进智能家庭服务的智能升级。

（二）国内外智能家居平台

国外智能家庭服务研究起步较早，重视程度较高，提出了诸多智能家庭服务的标准。国外的运营商经过资源整合后，产生了自有业务，推出了自己的业务平台、智能设备及智能家居系统。

1.智能家庭业务平台——Qivicon

Qivicon平台主要提供后端解决方案，包括向用户提供智能家庭终端，向企业提供应用集成软件开发、维护平台等。

目前，Qivicon的功能已覆盖了家庭宽带、娱乐、消费和各类电子电器等多个领域。德国信息、通信及媒体市场研究机构的报告显示，目前德国智能家居的年营业额已达到 200 亿欧元，并且每年以两位数的速度增长，而且智能家居至少能节省 20％的能源。Qivicon 的服务一方面有利于德国电信留住用户，另一方面提升了合作企业的运行效率。良好的市场环境为德国电信开拓市场提供了有利的条件。

2. 美国威瑞森通信公司提供多样化服务

为了锁定和吸引用户，美国威瑞森通信公司通过提供多样化的服务，将智能设备打包销售给用户。早在 2012 年，威瑞森通信公司就推出了自己的智能家居系统，该系统专注于安全防护、远程家庭监控和能源使用管理。用户可以通过计算机和手机等设备，使用该系统来调节家庭温度、远程查看家中情况、启动摄像头进行远程监控、远程锁定或解锁车门，以及远程开启或关闭电灯和电器等。

国内智能家庭服务主要体现在一些主流品牌的服务上，如海尔的智能家庭以U-home 系统为平台，采用有线与无线网络相结合的方式，把所有设备通过信息传感设备与网络连接，从而实现了"家庭小网""社区中网""世界大网"的物物互联，并通过物联网实现了 3C[计算机类（Computer）、通信类（Communication）和消费类（Consumer）]产品、智能家居系统等的智能化识别、管理及数字媒体信息的共享。超级智慧家（上海）物联网科技有限公司致力于成为全屋智能家居系统研发生产厂商，目前在全国已拥有分支机构、体验中心、全屋智能专营加盟店。作为一家物联网设备和解决方案提供商，南京物联传感技术有限公司在物联网传感器、控制器、移动物联网、云计算和大数据等领域拥有丰富的经验和积累。公司通过长期的探索和努力，成功建立了在物体感知、学习、控制等方面的竞争优势，并在物联网智能家居行业中扮演着重要的角色。

三、智能家居的设计原则与功能

近几年来，随着人工智能技术的不断发展，智能家居入驻家庭，使得人们的生活开始变得舒适、环保、便捷、高效起来。同时，智能家居在家装设计行业中的地位也逐渐凸显。

（一）智能家居的设计原则

传统的简单实用、质量过硬、物美价廉的设计原则已跟不上智能时代家居产品的设计要求。安全性、易操作、兼容性、系统稳定性等已逐渐成为家居产品设计时新的考虑因素，这也是众多智能家居的设计者在设计智能家居时必须遵循的基本原则。

1. 安全性原则

安全性是消费者在购买任何产品时都要考虑的首要因素。虽然智能家居在很多方面会给我们的生活带来便捷，但其安全性仍然值得关注。例如，我们购买了一道安装有智能门锁，需要通过指纹、密码或语音进行解锁的智能防盗门，只有唯一与之相匹配的指纹、密码或语音才能对其进行解锁，从正面来看好像安全性很高，但从反面来看，如果这道门很容易就能够被破坏，那么这种所谓的"即触即开"的便捷式指纹解锁或语音解锁的功能还能照常发挥吗？其次，在智能家居日益普及的今天，信息的开放性和共享性加强了用户与外界的沟通交流，某些系统之间也是互联互通的。那么，是否会存在邻里之间购买了同一系列、同一控制系统下的同一产品，这些产品会被相互控制的情况？这些已经显现及还未显现的安全性问题，是设计者在设计智能家居时必须考虑的因素。

2. 易操作原则

在智能家居的设计过程中，要遵循简单、易操作的原则。目前，智能家居已经根据不同的需求设计出了多种控制系统，如网络化控制系统、集中控制系统和无线遥控系统，这些系统简单、易操作，并且有多种功能可供选择。对于家里的家居设备，既能集中统一控制，又能有针对性地独立控制，能够满足消费者多样化、个性化的需求。

3. 兼容性原则

如果不同的智能家居产品在信息传输上采用的是不同标准的网络协议，就难以保证智能家居系统的兼容性和扩展性。为此，在设计方案上，智能家居系统应尽可能地兼顾兼容性和扩展性，依据国家或地区标准，采用通用的网络技术协议，以保证不同生产商系统之间的兼容和互通，以及本系统控制下的设备与未来不断发展的第三方受控设备之间的互联互通。

4. 系统稳定性原则

在选购智能家居的过程中，系统稳定性也是消费者考虑的一个重要因素。这是因为这关乎智能家居的生命周期、使用时长、使用效果及后期维修等方方面面。智能家居的系统稳定性主要包括系统运行稳定、运行时间稳定、线路结构稳定和集成功能稳定。长时间稳定、通畅、无阻碍的运行是一个高性能智能家居设备的基本追求。因此，一个成功的智能家居设计方案必须将系统稳定性作为一项基本原则。

（二）智能家居系统的功能

智能家居系统的功能主要体现在安全防控预警、智能控制、智能环境营造三个方面。

1. 安全防控预警功能

提到安全防控预警，我们首先想到的可能是安全防控设备。那么，在智能家居系统中有哪些智能安全防控设备？它们是如何起到安全防控预警作用的？

当我们外出时，在智能家居的安全防护下，整个家庭会处于一种布防状态。当有人试图开门或爬窗时，门磁或窗磁感应器感应到门窗被打开，系统便会立即将报警消息推送给业主。业主可以通过家中的智能全方位摄像机查看情况，若发现是非法入侵则可以及时通知小区物业管理人员，以便尽快前往处理，起到智能防盗的作用。

当家中无人时，若厨房发生煤气、天然气意外泄漏事故，安装在家中的无线燃气泄漏传感器设备检测到空气中燃气的浓度超标，便会发出报警声并联动关闭阀门、打开排气扇，将报警信息推送至业主的手机，防止火灾等情况的发生。

除上面两种情境中出现的门磁或窗磁感应器、智能全方位摄像机、无线燃气泄漏传感器外，还有烟雾检测器、无线水浸传感器、无线人体红外传感器等一系列智能安全防控设备。

2. 智能控制功能

智能家居与传统家居最大的不同在于，智能家居可以通过多种智能化的方式对家居产品进行控制。随着智能控制系统的不断更新升级，我们不用再手动打开电视、冰箱，手动拉开厚重的窗帘，手动关饮水机等家电设备，只需借助一个App或智能面板便可以轻松做到在家无线遥控，在外远程网络、电话控制所有的家电设备。此外，我们还可以通过定时控制、场景控制、集中控制等多种控制方式对智能家居设备进行控制，使得一切设备皆在掌控之中。

3. 智能环境营造功能

智能家居所具备的智能环境营造功能主要是指智能灯光、空调、音乐等设备自动感知并为用户营造的一种智能环境。智能灯光可以根据人们的活动，如聚会、看电影、就餐、阅读、睡觉等智能调整灯光的亮度、舒适度及灯光效果。智能空调可以智能感应室外温度、人体体温等，并自动调节空调温度，为用户提供一个舒适、健康的室内环境。智能音乐设备可以在沐浴、阅读、用餐、做家务、睡觉等多种场合播放不同风格和类型的背景音乐，让人们轻松享受充满趣味的居家生活。

目前，虽然智能家居还未完全普及，但随着物联网、人工智能技术的不断发展，智能家居将会越来越多地应用于人们的生活当中，将人们从繁杂的家务中解放出来，摆脱"人"打理"家"的模式，让"家"真正服务于"人"。

四、人工智能在智能家居中的实践应用

简单来说，智能家居是利用先进技术将家中的各种设备连接到一起，将整个家中的各种设备系统化地管理起来。与传统家居相比，智能化的生活可以让居住环境更加舒适、安全、便利。人工智能在智能家居领域的应用场景包括智能窗帘、智能门锁、智能空调、智能电视、智能冰箱、智能音箱、智能空气净化器、智能洗碗机等。

（一）智能窗帘

智能窗帘是家居市场里较为常见的一个应用。一般来说，如今的智能窗帘不需要由网关这个第三方控制器来进行连接，它可以通过智能音箱或米家 App 系统直接进行控制。

不同于传统意义上的单开或双开，智能窗帘的开合程度可以自由控制，还拥有定时、校准和反转等功能。

（二）智能门锁

智能门锁不仅可以在移动设备上查看门锁情况，还可以在靠近门锁时自动开门，也能为不同访客设定个性化的权限。人们不需要再担心忘带钥匙或是亲戚好友到访，自己不在家而造成的烦恼。

（三）智能空调

智能空调拥有自动识别、自动调节及自动控制的功能，能够根据外界气候及室内温度情况进行自动识别，然后对温度进行控制调节，还可以通过手机进行远程操控，甚至可以联网。就算没有人操作，智能空调也能够根据现在的环境和温度来自我调节，避免环境中的湿度太高，而且在电路发生故障的时候具有自我保护的功能，在空气质量比较差的时候能够自发地调节空气质量。

智能空调与变频空调是两个不同的概念。变频空调主要是指在空调中运用了变频技术，让空调在工作的时候频率发生改变，使得运作的声音不会太大，推送出来的风能够让人们感觉到更加舒服。智能空调可以是变频智能空调，也可以是非变频智能空调。变频空调可以运用智能系统，也可以不运用智能系统。

未来的智能空调不应过度依赖手机操作，应该具备人体感知能力，如能自动感知人的存在、位置及人数的多少，通过机器自身的计算，实现环境与人的最佳适配。为此，空调后端云平台必须存储海量与"舒适"相关的数据。

从发展演变来看，家用空调可以分为以下几个阶段：第一阶段是手动控制；第二阶段可实现手机远程控制，如回家前开空调、远程关空调；第三阶段的智能空调依托家庭智能网关／主机，通过智能温控器、红外家电控制器等部件，可以实现感应温控，温度高时自动打开，还可以实现场景联动，打开时可自动关窗帘，一键可以关闭全部空调、灯光、窗帘等；第四阶段则在云计算基础上，无须开关，实现温度自动适应，睡眠后温度上升到合适的温度，还可以根据天气和个人习惯调整温度。

（四）智能电视

智能电视具备开放的平台，内置操作系统，允许用户自主安装和卸载第三方软件、游戏等服务程序，从而扩展电视的功能。一旦连接到网络，智能电视将提供多种娱乐、信息和学习资源，如视频通话、在线教育等。此外，智能电视还支持网络搜索、视频点播、数字音乐、网络新闻、网络视频电话等各种应用服务。用户可以通过智能电视搜索电视频道和网站，录制电视节目，并可以播放卫星、有线电视节目及网络视频。

在5G、人工智能、IoT等技术的共同推动下，智能电视未来发展的潜力巨大。消费升级和大屏交互升级正在助推智能电视成为家庭场景的核心。未来的智能电视将以"人"的需求连接家庭的每个个体，连接家居的智能设备，对家庭"全场景陪伴"进行定义和设定，拓展亲子陪伴、审美陪伴、生活管家、娱乐陪伴等智能化场景。可以预见，5G、人工智能、IoT将是未来电视的关键点。

（五）智能冰箱

智能冰箱可以实现无线连接，通过手机 App 随时操控冰箱，还能查看冰箱温度、运行模式、食物存储情况、是否过期等。智能冰箱内置温控传感器，可实时感应冰箱内部的变化，精准监控冰箱内的温度，自动调节变频压缩机的工作效率和风机转速，人性化调整冰箱内部的温度，延长食物的保鲜程度。

（六）智能音箱

智能音箱的功能包括：音乐曲库内容丰富，歌词实时显示，可以边听边看歌词和 MV；随意设置歌曲、歌手、类型、场景，收藏歌单；拥有海量的视听资源，可轻松点播电影、电视剧、综艺、动漫等；作为智能家庭中控台，实时展示智能设备状态信息，轻松控制智能插座、扫地机器人等各种智能设备；与智能门铃联动，当有客人来访按门铃时，智能音箱的屏幕可实时显示门外画面……

智能音箱不是传统音箱的智能化，而是贯穿人工智能技术的一个全新的智能化硬件产品。无屏智能音箱让人们的生活进入语音交互的场景，带屏智能音箱可以视频通话、观看视频，可以在语音外增加更多交互方式，进而满足更多场景、完成更多任务、获取更多用户。

（七）智能空气净化器

如今，越来越多的企业和科学研究者致力于研发出能自动净化空气的产品。

目前，市场上质量较好的智能空气净化器一般具备净化、加湿和整屋循环三大功能，支持 360° 高效净化。

智能空气净化器具有智能感应功能，可以实时精准监测空气质量，能在分秒之间探测空气中的污染物。

（八）智能洗碗机

将要洗涤的餐具放入洗碗机，打开水龙头，一按电钮，使洗碗机自动完成操作，尽可放心地去做其他事情。智能洗碗机的烘干系统能够主动换气，排净水汽和霉菌，实现抑菌储存，保持机内干燥。智能洗碗机可以通过手机控制，调节洗涤次数、洗涤温度和干燥温度等。

智能商用洗碗机在硬件上包括传感器、芯片、通信模块等多种智能硬件设备。这些智能硬件设备组成了一整套物联网硬件体系：多种传感器可以获取水温、用水和用电量、洗涤筐数、违规操作等洗碗机核心数据。当前智能商用洗碗机中的传感器主要包括温度传感器、电量传感器、水位传感器、干簧管传感器、水流量传感器、接触器状态传感器、旋转编码器、极限温度传感器等。传感器能收集数据，但是其本身并不能对数据进行分析和整合。这些数据将以信号的形式传递给芯片，由芯片对信号进行处理，分析后的信息会传递给通信模块。智能通信系统包含了蓝牙模块，蓝牙可以用于计算机、手机调试及控制洗碗机。

第四节　智能制造

一、智能制造的发展历程

（一）20 世纪 80 年代智能制造概念的提出

智能制造是源于人工智能在制造领域的应用。1998年，美国学者赖特（Wright）和伯恩（Boume）在出版的《制造智能》一书中，首次系统地描述了智能制造的内涵与前景。他们将智能制造定义为通过集成知识工程、制造软件系统、机器人视觉和机器人控制等技术，对制造技工的技能和专家知识进行建模，使智能机器能够在没有人工干预的情况下进行小批量生产。此后，英国技术大学的威廉（Williamns）教授对上述定义进行了扩展。他认为智能制造的集成范围应该包括制造组织内部的智能决策支持系统，并且认为智能制造不仅是关于生产技术的自适应环境和工艺要求，还应包括智能决策支持系统的应用。根据《麦格劳 - 希尔科技大词典》的定义，智能制造是一种使用自适应环境和工艺要求的生产技术，能够最大限度地减少监督和操作，实现物品制造的活动。

总之，智能制造是将人工智能技术应用于制造领域，通过集成各种技术和系统，使得机器能够自主完成制造任务，并实现智能决策支持。它的目标是提高生产效率、降低成本、提升产品质量和实现可持续发展。

（二）20 世纪 90 年代智能制造技术、智能制造系统的提出

智能制造研究在智能制造的概念提出后得到了欧洲的工业化发达国家和地区，以及美国、日本广泛的重视和关注。为了推动智能制造技术的发展，这些国家和地区共同发起并实施了"智能制造国际合作研究计划"。在该合作研究计划中，智能制造系统被定义为一种贯穿整个制造过程的智能活动，并使这种智能活动与智能机器有机融合。这种智能制造系统以柔性方式将订货、产品设计、生产及市场销售等环节集成起来，旨在建立一种先进的生产系统，以发挥最大的生产力。通过这种智能制造系统，制造过程中的各个环节能够高度协同和协调，资源的优化利用和生产效率的提高成为可能。这样的系统能够更好地满足市场需求，实现个性化定制，提高产品质量，降低生产成本，并具备灵活性和适应性，以应对市场变化。

（三）21世纪以来深化于新一代信息技术的快速发展及应用

1.美国工业互联网中的"智能制造"

工业互联网的概念最早由美国通用电气公司于2012年提出，随后美国五家行业龙头企业联手组建了工业互联网联盟，美国通用电气公司在工业互联网概念中，更是明确了"希望通过生产设备与IT相融合，通过高性能设备、低成本传感器、互联网、大数据收集及分析技术等的组合，大幅提高现有产业的效率，并创造新产"。

2.德国推出工业4.0中的"智能制造"

德国工业4.0的概念包含了由集中式控制向分散式增强型控制的基本模式转变，目标是建立一个高度灵活的个性化和数字化产品与服务的生产模式。在这种模式中，传统的行业界限将消失。核心内容可以总结为建设一个网络（信息物理系统），研究四大主题（智能生产、智能工厂、智能物流、智能服务），实现三项集成（纵向集成、横向集成、端到端集成），推进三大转变（生产由集中向分散转变、产品由趋同向个性转变、用户由部分参与向全程参与转变）。

3.中国制造2025中的"智能制造"

《智能制造发展规划（2016—2020年）》中对智能制造进行了比较全面的描述性定义。根据该规划，智能制造是基于新一代信息通信技术与先进制造技术的深度融合，贯穿于设计、生产、管理、服务等制造活动的各个环节。智能制造是具有自感知、自学习、自决策、自执行、自适应等功能的一种新型生产方式。推动智能制造可以有效缩短产品的研制周期、提高产品的生产率和质量、降低运营成本和资源能源消耗，并促进基于互联网的众创、众包、众筹等新业态的孕育发展。智能制造以智能工厂为载体，以关键制造环节智能化为核心，以端到端的数据流为基础，以网络互联为支撑。这些特征指出了智能制造的核心技术、管理要求、主要功能和经济目标。智能制造对于我国工业转型升级和国民经济持续发展起到了重要作用。

二、智能制造的概念内涵

智能制造是将制造技术与数字技术、网络技术和智能技术整合应用于产品设计、生产管理和服务的整个生命周期中。在制造过程中，智能制造通过感知、分析、推理、决策和控制，实时响应产品需求，快速开发新产品，并实时优化生产和供应链网络。一般来讲，智能制造包括智能设计、智能生产、智能管理和智能制造服务四个关键环节。

（一）智能设计

智能设计是指应用智能化的设计手段及先进的设计信息化系统，支持企业产品研发设计过程中各个环节的智能化提升和优化运行。这些智能化的设计手段和系统包括计算机辅助设计、计算机辅助工程、计算机辅助工艺流程设计、三维立体建模、虚拟样机技术、模流分析、异构数据整合及跨部门协同等。智能设计的应用可以提高产品设计效率，降低产品研发成本，缩短产品上市周期，提高产品研发质量。同时，智能设计还可以为企业提供更快速、准确的市场响应能力，更好地满足客户需求，提高企业竞争力。

（二）智能生产

智能制造的核心是将智能化的软硬件技术、控制系统及信息化系统（如分布式控制系统、分布式数控系统、柔性制造系统、制造执行系统等）应用于生产过程，以支持生产过程的优化运行。

智能生产可以实现以下几个方面的优化。

1. 自动化生产

利用自动化设备和机器人等智能化硬件技术，实现生产过程的自动化操作，提高生产效率和质量。

2. 智能化控制系统

利用先进的控制算法和技术，实现生产过程中各个环节的智能化控制和优化。通过实时监测和调整生产参数，使生产过程更加稳定和可控。

3. 信息化系统

通过建立分布式控制系统、分布式数控系统等信息化系统，实现生产过程中各个环节的数据采集、传输和分析。通过实时获取和分析生产数据，可以实现生产过程的实时监控和优化决策。

4. 柔性制造系统

通过智能化软硬件技术和信息化系统的应用，提升生产过程的灵活性和适应性。此外，还可以根据需求实时调整生产线和工艺流程，提高生产过程的灵活性和适应性。

5. 制造执行系统

通过建立制造执行系统，实现各个环节之间的协同和配合。另外，还可以实现生产计划的实时调整和跟踪，提高生产过程的协同效率和响应速度。

智能生产可以提高生产效率、质量和灵活性，降低成本和资源消耗，提升企业竞争力。

（三）智能管理

智能管理的内涵非常丰富，主要包括以下几个方面。

一是产品研发和设计管理。产品研发和设计管理是企业管理中非常重要的一环，涉及产品研发和设计的流程管理、资源分配、质量控制等方面。

二是生产管理。生产管理主要是对生产过程进行规划、组织、协调和控制，包括制订生产计划、优化生产流程、提高生产效率等。

三是库存、采购、销售管理。库存、采购、销售管理涉及企业物资的采购、存储和销售等环节，包括采购计划的制订、库存控制、销售预测等。

四是服务管理。服务管理包括服务流程的设计、服务质量的监控和服务渠道的管理等，旨在提高客户满意度和服务质量。

五是财务、人力资源管理。财务、人力资源管理涉及企业财务和人力资源的管理，包括财务管理，人力资源规划、招聘、培训和绩效评估等。

六是知识管理。知识管理主要是对企业知识的收集、存储、共享和应用进行管理，包括知识库的建立、知识地图的绘制等。

七是产品全生命周期管理。产品全生命周期管理是一种全面的管理方法，涵盖了产品的设计、生产、使用、报废等整个生命周期，旨在实现资源的优化配置和可持续利用。

这些管理领域相互交织、互为支撑，共同构成了智能管理的丰富内涵。每一家企业都会根据自身的业务特点和战略目标，制定适合自己的管理策略和流程。

（四）智能制造服务

智能制造服务包括产品服务和生产性服务。产品服务主要涉及产品的售前、售中和售后的一系列服务，强调产品与服务的融合，包括安装调试、维护、维修、回收、再制造及与客户关系相关的服务。生产性服务则是与企业生产相关的服务，包括技术服务、信息服务、物流服务、管理咨询、商务服务、金融保险服务及人力资源与人才培训等。这为企业的非核心业务提供了外包服务。智能制造服务强调知识性、系统性和集成性，依据以人为本的精神，为客户提供主动、在线、国际化的服务。智能制造服务利用智能技术提升服务的水平和环境感知能力，提高服务规划、决策和控制水平，以提升服务质量，扩展服务内容。智能制造服务的发展促进了现代制造服务业的发展和壮大，为客户提供更多元化、高效的服务。

智能制造的本质是通过人与机器的一体化系统，实现人类在制造领域和生产环节的自身解放。它延续和深化了18世纪工业革命以来机器替代人类劳动的趋势。从科技伦理的角度来看，智能制造的人机一体化系统扩大了人类的体能和部分智能，使得人类能够在更广泛的范围内参与和控制生产过程。从劳动价值理论的角度分析，智能制造改变了物质产品价值的构成基础，可能更多地以知识和技术为主导。从企业会计核算标准的角度评价，智能制造系统的广泛应用降低了生产成本，并扩大了赢利空间。这是由于智能制造提高了生产效率、降低了人力成本，并通过优化系统和流程带来了更高的资源利用效率。从社会治理层面来考察，机器替代人类劳动的过程既是社会文明进步的标志，也存在一些风险和挑战。智能制造的快速发展可能导致部分人失去就业机会，增加了经济社会发展的不稳定因素。应对风险和挑战需要社会共同努力，制定相应的政策和措施，确保智能制造的发展符合社会的共同利益和全面可持续发展的原则。

智能制造的先进性主要体现在系统整体和过程组织的优化方面。相比于单纯追求产品的先进性，智能制造更注重通过优化整个制造系统和流程，提高效率和适应市场需求与环境变化。智能制造倾向于通过系统的优化，获得更高的经济效益和资源利用效率。智能制造的核心理念是通过自感知、自学习、自决策、自执行、自适应的功能，实现自治和自组织。这使得智能制造能够更好地适应个性化的生产需求，并在分布式生产的场景中发挥作用。智能制造不仅关注市场的需求，还关注如何通过整合和优化系统来实现更高效的生产。此外，智能制造的影响已经超越了制造行业和技术范畴的局限。智能制造的系统优化和自组织理念正在快速渗透和扩散到经济社会发展的各个层面、方面和领域，进而产生巨大而深远的影响。

三、人工智能在智能制造中的实践应用

随着新一代人工智能技术的快速发展，智能制造产品如雨后春笋般涌现。小到一个垃圾桶，大到无人机、无人驾驶汽车，无所不在的智能制造产品快速出现在人们的日常生活和生产之中。

智能制造产品是将先进制造技术、传感技术、自动控制技术、嵌入式系统、软件技术等集成和深度融合到产品之中，使产品具有感知、分析、推理、决策、控制功能和信息存储、传感、无线通信功能，以及可接入物联网具有远程监控、远程服务功能。它能为客户创造更大价值，并且更具竞争力。智能制造的应用体

现了人工智能在制造行业的价值，并开创了制造业的新型模式。人工智能在智能制造领域的实践应用包括以下几个方面。

（一）智能汽车

智能汽车是目前全世界关注度较高、投资力度较大、进展速度较快的产品之一，也是人们期望值较高的产品之一。各国互联网巨头以独立或与汽车厂商合作的方式，向智能汽车研发进军。

一辆智能汽车除了具备传统汽车的车身、发动机、前后桥、变速箱、制动系统、传统意义的汽车电子、内饰，还具备一系列的感应器，如车载雷达、视频摄像头、激光测距仪、微型传感器，以此来感知外部环境的动态变化，当然还有若干车辆运行参数的传感器，实时感知车辆运行状态，包括速度、温度、电量/油量、机油、空气质量、排放指标等。因此，与一般汽车相比，智能汽车具备以下新的模块或功能。

1. 自动驾驶系统

通过自动驾驶系统，智能汽车可以实现最优路线指引、车速规划等智能规划。未来智能规划还会使交通信息、路况信息及天气信息实现交互和传递，届时将可以给车主带来极大的便利。安装在驾驶室内的摄像头可以识别交通指示牌和信号灯，轮胎附近的传感器可以根据速度和方位推算出汽车当前的所在位置。汽车内部一系列的感应器，由激光探测仪、无线电雷达探测器、摄像设备等组成。通过这一系列的感应器，汽车可以清晰地"看到"周围物体，清楚地掌握它们的大小和距离，360°无死角地监测周围的环境，进而判断出周围物体可能对车辆的运行和路线造成的影响，并做出相应的反应，从而保持正常行驶。

车顶的激光测距仪是整个系统的核心所在，它通过发射激光束并计算返回时间来测量车体与周围物体之间的距离。这些距离数据被计算机系统用来绘制精细的 3D 地形图，然后结合高分辨率的地图，生成各种数据模型供车载计算机系统使用。

此外，汽车还配备了其他传感器，包括前后保险杠上的多个雷达、后视镜附近的一个摄像头、一个全球定位系统、一个惯性测试单元和一个车轮编码器。这些传感器分别用于探测周边情况、检测红绿灯情况、确定车辆位置和跟踪车辆运行情况。这些传感器数据被整合到车载计算机系统中，用于辅助驾驶和自动驾驶决策。

所有上述设备采集到的数据都将输入车载计算机，构成一套自动驾驶系统，在极短的时间内帮助车辆做出加速、刹车、转向的判断。

2. 软件系统升级

智能汽车就像目前的智能手机一样，车主可以在联网状态下随时随地更新车辆的最新功能。这些功能包括导航服务、语音导航、巡航控制、防撞辅助、倒车辅助增强、车速辅助、智能温度预设、自动紧急制动、盲点警报、代客模式等。其中，巡航控制功能使汽车能够自动跟踪前方车辆、调整车速和行驶方向，并在超车时自动实现安全超车，保持安全车距。代客模式是一项智能化服务措施，使车主可以保护汽车的隐私和锁定各种车辆状态设定，如限制车速、禁止开启后备厢、限制访问通信记录和个人信息等，以确保汽车安全。

3. 远程诊断

远程诊断功能是汽车远程故障诊断系统的重要应用之一。通过车联网技术，服务工程师可以直接通过后台查看车辆出现的问题，省去了车主到店检查的时间和成本，有效提高了诊断的效率。这种技术对于提高汽车售后服务质量和客户满意度非常重要。此外，随着汽车工业的发展，现代电子控制技术已渗透到汽车的各个组成部分，汽车的结构变得越来越复杂，自动化程度也越来越高，能跟踪和掌握汽车领域高新技术的维修技师和专家也必然越来越缺乏。因此，汽车远程故障诊断系统的发展和应用，将为车主和维修技师提供更加便捷和高效的服务。

4. 自动求助

除了智能和环保，智能汽车的安全性也是非常重要的。智能汽车可以通过辅助驾驶和自助驾驶等功能提高车辆的出行安全。其中，自动求助功能在车辆发生紧急情况时，能够立即自动将相关参数发送至后台，客服人员会在必要情况下及时联络车主帮助其对后续事宜进行处理。除此之外，后台工作人员也能够通过车号得知该车辆是否需要对相关部件进行更换，辅助车主进行相应的升级，从而更好地保障车辆的性能和安全。

5. 自动泊车系统

自动泊车系统就是不用人工干预、自动停车入位的系统。

自动泊车系统包括以下三个主要组成部分。

①环境数据采集系统。该系统包括图像采集系统和车载距离探测系统，可以采集图像数据及周围物体距车身的距离数据。这些数据通过数据线传输给CPU。

②CPU。CPU接收环境数据采集系统传输的数据，并通过数据分析处理得

出汽车的当前位置、目标位置及周围的环境参数。自动泊车策略是根据这些参数来确定的，然后将其转换成电信号。

③车辆策略控制系统。该系统接受 CPU 发出的电信号，并根据这些指令进行汽车行驶的角度、方向及动力支援方面的操控。

（二）智能机床

智能机床是能够对制造过程做出自主决策的机床。智能机床通过各种传感器对制造的整个过程进行实时监测，在知识库和专家系统的支持下，对生产过程中出现的各类偏差进行分析、判断、控制和修正。数控系统具有辅助编程、通信、人机对话、模拟刀具轨迹等功能。未来的智能机床会成为工业互联网上的一个终端，具有与信息物理系统联网的功能，能够对机床故障进行远距离诊断，并且能为生产的最优化提供方案，还能计算出所使用的切削刀具、主轴、轴承和导轨的剩余寿命，让使用者清楚其剩余使用时间和替换时间等。

不同类型的智能机床能够满足人们不同的需求，也就具有各自独特的功能，但从本质来说都具有如下特征。

1. 人机一体化

智能机床首先是人机一体化系统，它将人、计算机、机床有机结合，实现动态交付，形成一种平等共事、相互理解、相互协作的关系，保证各部分充分发挥各自的潜能。素质较高的人将在这一过程中发挥更大的作用，机器智能和人类智能真正地集成在一起，互相配合、相得益彰，保证机床高效、优质和低耗地运行。

2. 智能感知

智能机床与数控机床的主要区别在于智能机床配有智能传感器，因而具有各种感知能力，如温度、工件尺寸和身份识别等。这些传感器采集的信息是分析、决策、控制的依据。

3. 知识库和专家系统

为了智能决策和控制，智能机床还装载了大量的知识库和专家系统，如数控编程的知识库和专家系统、故障知识库和分析专家系统、误差智能补偿专家系统、3D 防碰撞控制算法、在线质量检测与控制算法、工艺参数决策知识、加工过程数控代码自动调整算法、震动检测与控制算法、刀具智能检测与使用算法、加工过程能效监测与节能运行系统等。

4.智能执行能力

智能机床能够在智能感知、知识库和专家系统支持下进行智能决策,具备智能执行能力。决策指令通过控制模块,确定合适的控制方法,产生控制信息,通过节点(NC)控制器作用于加工过程,以达到最优的控制,完成要求的加工任务。

第五节　智慧城市

一、智慧城市的概念

智慧城市是指利用各种信息技术和创新概念,将城市的系统和服务打通、集成,从而提升资源利用效率,优化城市管理和服务,并使市民的生活质量得到有效改善。智慧城市的目标是将新一代信息技术广泛应用于城市的各个领域和行业,实现信息化、工业化和城镇化的深度融合。通过充分利用信息技术,智慧城市可以实现城市系统的互联互通、数据的共享和智能化的决策支持,从而提高城市的运行效率和管理水平。智慧城市的发展有助于缓解"大城市病",即人口过度集中、资源过度消耗、环境污染等问题。通过智慧城市的建设,可以实现城市的精细化和动态管理,提高城镇化的质量和效率。

从字面意义上来看,智慧城市中的"智慧"是由先进的、智能化的信息技术形成的人工智能与人的洞察、远见和明智应对相结合而成的混合名词,即城市中的智慧 = 人工智能 + 人的智慧。将在城市语境中运用"智慧",意味着人工智能和人的智慧与城市发展完美结合,它将推动城市实现核心资源的高效利用和优化配置,并进入其运行发展的最佳状态。智慧城市是基于新兴的信息技术,以谋求经济、社会、环境的全面可持续发展为基本方向,以信息技术和人工智能为重要手段,通过对城市的各类资源进行充分整合,推进城市的创新发展,使城市核心资源得到优化配置,从而促进城市运行发展的全面优化。

随着科技发展和社会进步,人类的文明与进步取得了辉煌的成就,而城市则集中体现了人类文明的发展。在城市的发展过程中,城市通过吸收和融合最新颖、最先进的科技成果不断实现突破性的发展,智慧城市的出现也是城市融合先进的信息技术而不断向高级化阶段发展的具体体现,是工业化、信息化和城市化的深度融合。先进的信息技术是构筑智慧城市的基础、先导和重要手段,而先进信息技术作用的发挥则以人的运用为前提,整个城市走向"智慧",需要充分发挥信息技术的智能性和人的主观能动性，积极调动和整合城市的各类资源（如专家、城市管理者、企业、市民、信息、资金等），按照它们之间联系、作用的基本规律，推进城市的系统性创新，使城市的自身发展不断优化，并实现经济、社会、环境的可持续发展。这里的"全面优化"体现在经济、社会、环境等多个方面，包括更好的经济效益和经济发展品质、更好的生活质量、更少的资源和能源消耗、最低限度的环境污染等，使城市能够不断向其自身运行和发展的"帕累托最优"状态（假定固有的一群人和可分配的资源，从一种分配状态到另一种状态的变化中，在没有使任何人境况变坏的前提下，使得至少一个人变得更好）靠近。

二、智慧城市的发展

智慧城市的出现是人类生产力发展和科技进步的必然结果。人类的生产力水平代表了人类改造自然界的能力。随着人类劳动工具的每一次突破性改进，整个人类社会的生产力水平都会大幅提升，这也带来了人类社会形态日新月异的变迁。从城市的发展历程来看，技术进步推动生产组织形式发生变化，从而也带动了社会形态及城市发展模式的变化。

人工智能为智慧城市建设提供了强大的大数据处理能力，从而支撑和保障智慧城市的发展。美国斯坦福大学人工智能研究中心的尼尔逊（Nilsson）教授，把"人工智能"定义为"关于知识的学科——怎样表示知识，以及怎样获得知识并使用知识的学科"。人工智能就是通过研究人类智能活动的规律，构造具有一定智能行为的人工系统，这就是人工智能的基本内容和思想。

因此，可以从"人工"和"智能"两个重要部分来理解人工智能，人工赋予计算机系统模仿人类思维和行为的能力，人工是智能的初始化阶段，深度学习属于智能的进化阶段。2017年，国务院颁布了《新一代人工智能发展规划》，推动人工智能科技创新体系发展，通过人工智能算法与其他学科交叉发展提升人工智能的多维度运用。人工智能技术的不断突破发展，从各个方面推动了智慧城市的构建。因此，未来的城市是基于人工智能下的智慧城市，这将大大改变现有城市模式。

人工智能不仅仅是一种建设智慧城市的重要手段，更是一种新的思维方式。智慧城市的演进与信息化技术的发展密不可分。未来，随着智慧城市规划治理需求的加深，大数据融合将成为城市规划的有力手段，通过数据收集分析等宏观调配公共资源，优化资源配置，合力构建城市结构，实现智慧化城市。当前，越来越多的城市将人工智能的基础能力融入智慧城市建设的智慧景区、智慧绿道、智慧医疗、智慧产品等各个领域。一方面，市民对于信息化服务的需求强烈；另一方面，收集到的用户信息数据蕴含着巨大价值，这些数据能对城市进行更加科学的管理，提升用户的居住生活条件等。

随着科学技术的不断发展，人工智能技术的发展变得越来越迅速，从技术到硬件信息都有新的实验产品产生，进一步满足了智慧城市的建设技术需求，为城市智慧化建设提供了更加广阔的想象空间。第一，人工智能技术的主要方向为深度学习，即将深度学习技术与其他技术相结合，推动人工智能进入"后深度学习时代"。第二，软件生态体系逐渐形成，软件框架体系推动产业生态链形成，价格也大幅度下调。第三，随着人工智能芯片的研发，人工智能技术开始向终端化、边缘化发展，这可以大大保护用户隐私，减少使用安全问题。

新一代人工智能技术的迅猛发展正在推动经济和社会各个领域向智能化方向迈进。这种技术已经从个人层面的管理逐渐扩展到城市层面的管理，成为推动智慧城市建设的新引擎。人工智能技术在智慧城市建设中的融合应用可以赋予物体智能能力，实现对城市各个领域的精准治理，为领导决策提供辅助，解决城市问题，从而消除安全隐患。为推动人工智能下的智慧城市建设，现阶段需要从以下六个方面进行：①加强数据感知灵敏度，加大城市数据收集强度；②加强信息分享，打破"城市孤岛"现象；③拒绝过度智能化，针对行业优势定制；④完善数据安全系统，打击不法分子；⑤运用新技术进行商业创新；⑥多项人工智能技术综合运用，提升系统运行。

物联网、大数据、云计算、人工智能等新一代信息技术的应用为城市的智慧化发展带来了机会，智慧城市是城市信息化发展的高级阶段，更是工业化、城市化、信息化的深度融合，为解决人口膨胀、资源紧缺、环境污染、交通拥堵、公共安全隐患日增等一系列"城市病"提供了有效途径。国家标准《智慧城市 顶层设计指南》（GBIT 36333—2018）力求推动智慧城市建设，当前我国已有500多座城市开始进行智慧城市的建设。在未来，传统的智慧城市将朝着新型智慧城市方向发展，城市将更加融合与一体化，相互融合协作，实现价值最大化，促进城市功能和品质提升，最终实现城市经济的可持续发展，真正做到"城市，让生活更美好"。

"智慧城市"这一理念的提出，源于IBM在一次理事会议上提出的"智慧地球"概念，它与智慧地球对未来城市发展的美好构思紧密相连。智慧城市的建设与大众生活息息相关，无疑是智慧地球不可或缺的研究内容。此后，"智慧"一词逐渐被人们接受和使用，智慧城市的建设也在全球范围内得到广泛开展。智慧城市的建设需要借助数据技术、通信技术等手段，对城市运行过程中产生的各类数据进行感知、获取、分析、集成等处理，进而对社会大众的一切城市活动需求做出智能化反应，即通过各种数据技术对城市运行进行智慧化管理，为城市居民提供更美好、更便利、更智慧的生活内容和环境。

智慧城市是数字城市发展的高级形式，也是未来城市发展的趋势。智慧城市的建设可以使城市管理者的判断和决策更准确、科学和便利，实现对城市的精细化管理和快速响应民众的需求，同时节约投资成本，推动城市经济的增长。智慧城市的建设旨在实现城市环境、居民生活、经济和社会的全面和谐统一，进一步促进城市的可持续发展。

智慧城市是指通过运用现代信息通信技术，实现对城市系统运行过程中产生的各类数据的采集、整理和分析，以促进城市建设进程。智慧城市数据共享可能存在阻碍建设进程的相关因素，因此需要开展数据资源的开放共享，以推动城市建设的整体进程。

三、智慧城市的应用体系

智慧城市的应用体系包括智慧公共服务、智慧安居服务、智慧交通服务、智慧教育文化服务等一系列建设内容。

（一）智慧公共服务

建设智慧公共服务和城市管理系统是实现智慧城市的重要举措之一。通过加强就业、医疗、文化、安居等专业性应用系统的建设，可以有效提高城市建设和管理的规范化、精准化和智能化水平。智慧公共服务和城市管理系统的建设可以有效促进城市公共资源在全市范围内的共享。通过信息技术的应用，可以实现公共资源的高效配置和利用，提高资源的利用效率和公平性。此外，智慧公共服务和城市管理系统的建设还可以推动城市人流、物流、信息流和资金流的协调高效运行。通过智能化的管理和监测手段，可以实现对城市运行的实时监控和调度，提升城市的运行效率和服务质量。

（二）智慧安居服务

开展智慧社区安居的调研试点工作，充分考虑公共区、商务区、居住区的不同需求，融合应用物联网、互联网、移动通信等各种信息技术，发展社区政务、智慧家居系统、智慧楼宇管理、智慧社区服务、社区远程监控、安全管理、智慧商务办公等智慧应用系统，使居民生活"智能化发展"。

（三）智慧交通服务

通过运用交通流量优化等技术手段，完善公安、城管和公路等交通监控体系和信息网络系统，可以建立起一个统一的智能化城市交通综合管理和服务系统，实现交通信息的充分共享、公路交通状况的实时监控和动态管理，从而提高交通安全和畅通的水平。

通过数字交通工程的建设，可以解决许多交通管理中的难题。首先，通过安装各种监控设备，可以实时获取和监测交通流量、道路状况、车辆违法行为等信息，从而快速响应和处理交通问题，提高交通管理的效率。其次，通过智能交通诱导系统，可以根据实时交通数据提供实时的交通路况和出行建议，引导司机选择合适的道路，减少拥堵情况，提升交通运行的效率。再次，数字交通工程还可以提供智能出行服务，帮助市民规划最佳的出行路线和交通方式，提高个人出行的便捷性。最后，数字交通工程还可以加强对出租车和公交车的管理，提高运营效率和服务质量，增强市民出行体验。

（四）智慧教育文化服务

通过建设教育城域网和校园网，推动智慧教育的发展，建立教育综合信息网、网络学校、数字化课件、教学资源库、虚拟图书馆、教学综合管理系统和远程教育系统等资源共享数据库及应用平台系统，实现教育资源的共享和教学的数字化，提高教育质量和效率。同时，继续推进再教育工程，通过提供多渠道的教育培训和就业服务，可以满足不同人群的学习和就业需求，推动学习型社会的建设，提升人才素质和终身学习能力。在文化领域，继续深化"文化共享"工程建设，加快新闻出版、广播影视、电子娱乐等行业的信息化步伐，整合信息资源，完善公共文化信息服务体系，提供更加丰富、多样化的文化产品和服务，满足人民群众的文化需求，促进文化事业的繁荣和发展。此外，构建旅游公共信息服务平台，提供便捷的旅游服务，通过整合旅游信息资源，提升旅游文化品牌的影响力，吸引更多的游客，推动旅游业的发展。

四、人工智能在智慧城市中的实践应用

在人工智能技术的大力推动下，城市建设也变得越来越智能化。政府部门也出台了多个政策和法律，支持企业向数字化转型，从而构建一系列的智慧城市生态建设。

（一）百度平安城市

作为人工智能行业的技术领先者，百度利用其自主研发的图像检测、人脸识

别、视频采集和视频解码等技术，构建了一整套全栈式的平安城市生态应用。

百度平安城市利用先进的人脸识别技术，能够检测在动态环境中的生物特征，快速识别人物身份。对于某些在特定环境下人员身份异常的情形，该系统会自主进行分析和鉴别，极大地提高了城市的安全性。

智慧城市又包含了各种智慧解决方案，如智慧工业、智慧农业、智慧电力和智慧交通等，是一套复杂而又完整的产业链。下面以智慧工业和智慧农业为例来看一看百度是如何构建城市设施的。

1. 智慧工业

基于深厚的深度学习和图像处理技术底蕴，百度在物体识别和数据预测方面具有领先优势，因此研发了智能分拣、尺寸检测、细小物件瑕疵检测和车辆识别等特定场景下的功能应用。

在人工智能技术的加持下，工业场景更加数字化和智能化，而且由于人工智能技术对材料的高要求和高标准，在工业应用中也会更加环保和规范，有助于构建绿色城市体系。

2. 智慧农业

众所周知，农业是城市建设中不可或缺的重要环节之一，但是农业地区一般距离城市中心较远、难以把控。百度不仅可以通过机器识别，判断农作物的生长状况和智能调节农作物需要的阳光、水汽和肥料等，还可以远程监测农作物病虫害，提高了农作物的存活率。

另外，在对牲畜的检测方面，百度也落地了一系列应用。例如，在不接触牲畜的情况下，百度所构建的模型库能对其进行估重和数量盘点，极大地节约了时间；基于视觉和声音等人工智能技术，百度还能对某些牲畜的疾病进行预测和处理，打造了十分优质的畜牧业产品服务。

（二）阿里巴巴智慧应急

阿里巴巴围绕政府防汛、防涝等突发事件的处理工作，精准预测、智能分析，为最大程度地减少自然灾害带来的社会损失，开发了一系列智能应用。

阿里巴巴通过其平台数据架构和阿里云数据中台，提供了人工智能智慧应急平台底座，实现了对突发事件的影响范围、方式和持续时间等方面的智能研判，并可以针对其做出紧急预案处理。例如，防汛、防涝时，可以通过物联感知检测水位和雨量，一键启动数字化预案管理，并对其物资和路径进行智能调度，为城市紧急情况建设提供安全保障。

以数据城市为驱动的智能化，是实现阿里巴巴"城市大脑"的关键性因素之一。阿里巴巴智慧城市的建设还体现在实现了城市公共资源的智能调度和优化配置。

城市的运行离不开各部门的协同配合，阿里巴巴在建设智慧城市时明显考虑到了这点。以阿里云平台为中心，它可以实现多部门之间的数据接入、信息交互和联合共治，从而形成高效应急业务体系。

社区是城市的重要组成部分，也是城市服务的"最后一公里"。为营造一个智能、安全和时尚的智慧小区，阿里巴巴全面打造了社区"微脑"解决方案。

针对日常业主和访客，社区"微脑"打造了社区电子通行证，保障了社区人员的安全，可以有效排查异常人员，并对老人或行动不便人员进行重点关注，传递社区温暖。此外，它还可以利用人脸识别、文本解析和智能监控等人工智能技术，对社区车辆、水电和房屋进行智能化管理，帮助居民快速获得生活服务。

（三）京东智能城市

京东科技控股股份有限公司（以下简称京东数科）为服务于政府、市区部门和各街道及市区，提出了构建智能城市社会治理的"一核两翼"。

"一核"是指市域治理现代化，即在不改变当前市域治理的前提下，通过各级数据汇总，打造一个可观看、可监测、可分析的公共服务平台。"两翼"是指人工智能+产业发展和生活服务业现代化，是面向企业和百姓的智能化发展。

基于京东数科的基础计算平台和实时计算平台，可以实现对多方异构数据进行采集和存储，再结合图像分析、数据模型和算法等人工智能技术，可以实现在政府、金融、零售和医疗方面的全局数据资产管理。

在政府服务方面，京东数科以人工智能技术框架为支撑，力图为政府打造惠企政策的制定和发布，实现全面的政策解读、智能匹配、智能审批、智能监测及快速兑现。

在金融方面，京东数科构建了一系列智慧商业解决方案，实现了全域商业的数字化生态。本着为政府服务的核心目的，京东数科的商业系统还是以政府政策为基础赋能商户，以实现商家管理、商业信用管理、交易数字化、消费营销和线上商城等功能，真正服务企业、商户和消费者。

第六节　智慧教育

一、智慧教育的概念与内涵

随着人工智能技术与教育的深度融合，教育信息化进入了更高级的发展阶段——智慧教育。然而，智慧教育并不是一个全新的概念。从古至今，国内外专家学者对智慧教育的研究大致从三个视角来展开。

①从教育本义上讲，智慧是教育永恒的追求，智慧教育的出发点和落脚点是唤醒和发展人类智慧。印度著名哲学家克里希那穆提（Krishnamurti）在其专著《一生的学习》中从智慧的高度解读了教育，认为真正的教育要帮助人们认识自我、消除恐惧、唤醒智慧。英国著名哲学家怀特海提出儿童智慧教育理论，认为教育的主题是生活，教育的目的是开启学生的智慧。国内外教育学家、心理学家和科学家也一直关注智慧教育。加拿大"现象学教育学"的开创者马克斯·范梅南（Max van Manen）提出了以儿童发展为取向的智慧教育学理念，指出教育者应该为儿童创造一种充满关爱的学习环境，要关注儿童真实的生活世界，要关心儿童的成长。

美国著名心理学家罗伯特·斯腾伯格（Robert Sternberg）提出智慧平衡理论，倡导为智慧而教，认为教育应教会学生智慧地思考和解决问题，以及平衡人际内、人际间及人与环境间的利益，培养学生的社会责任[①]。

②从教育信息化发展的角度看，陈琳等认为由于目前的教育信息化缺乏重大理论与实践创新，因此智慧教育被赋予新的内涵和特征，智慧教育是教育信息化的新形态。教育信息技术协同创新中心副主任黄荣怀通过对现代教育系统的构成要素进行逻辑演绎，指出智慧教育系统将经历智慧学习环境、新型教学模式和现代教育制度三重境界。智慧教育具有感知、适配、关爱、公平、和谐五大本质特征，通过智慧学习环境传递教育智慧，通过新型教学模式启迪学生智慧，通过现代教育制度孕育人类智慧。祝智庭等在《智慧教育：教育信息化的新境界》一文中分析了信息时代智慧教育的基本内涵：通过构建智慧学习环境，运用智慧教学法，促进学习者进行智慧学习，从而提升成才期望，即培养具有高智能和创造力的人，利用适当的技术，智慧地参与各种实践活动并不断创造制品和价值，实现

---

① 邵琪.智慧教育史论[D].杭州：浙江大学，2020.

对学习环境、生活环境和工作环境灵巧机敏地适应、塑造和选择。尹恩德从教育信息化带动教育现代化发展的角度出发，界定了智慧教育的概念：智慧教育是指运用以物联网、云计算为代表的一批新兴信息技术，统筹规划、协调发展教育系统的各项信息化工作，转变教育观念、内容与方法，以应用为核心，强化服务职能，构建网络化、数字化、个性化、智能化、国际化的现代教育体系。金江军认为智慧教育是教育信息化发展的高级阶段，是教育行业的智能化，与传统教育信息化相比，表现出集成化、自由化和体验化三大特征。

③在智慧教育系统实践层面，国内外一些 ICT 企业纷纷提出了智慧教育解决方案。这些方案主要基于物联网、云计算、大数据等技术，构建数字化智能引擎，融合数据平台、全栈智能平台、能力开发平台，实现智慧校园教育治理、教育教学、教学管理、教育环境管理的数字化、网络化、智能化、个性化和精准化。

综上所述，智慧教育的深刻内涵可总结为：将现代智能技术与现代教育制度相结合，构建网络化、智能化和个性化的智慧学习环境，全面实施个性化教学、按需服务的新型教育模式，实现"人人皆学、处处能学、时时可学"的学习型社会环境的构建，最终实现教育启迪、唤醒人类智慧的根本目的，为社会培养具有高度应变与创新能力的人才。

二、智慧教育的基本特征

智慧教育在技术属性方面的基本特征包括数字化、网络化、智能化和多媒化。数字化使得教育信息技术系统的设备简单、性能可靠且标准统一；网络化使得信息资源可以共享，活动时空限制减少，人际合作更容易实现；智能化可以实现教学行为人性化、人机通信自然化，以及繁杂任务的代理化；多媒化使得信媒设备一体化、信息表征多元化、复杂现象虚拟化。

智慧教育在教育属性方面的基本特征包括开放性、共享性、交互性和协作性。开放性打破了以学校教育为中心的教育体系，使得教育更加社会化、终身化、自主化；共享性是信息化的本质特征，它使得大量的教育资源可以为全体学习者共享，并且取之不尽、用之不竭；交互性可以在一定程度上实现人与机器之间的双向沟通及人与人之间的远距离交互学习，促进教师与学生、学生与学生之间的多向交流；协作性为教育者提供了更多的人人、人机协作完成任务的机会。

三、智慧教育的四大优势

智慧教育从根本上改变了传统的教学模式，它至少有以下四大优势。

（一）信息传递优势

信息搜寻需要付出代价，其中信息传递成本占据了相当大的份额。传统教学采用"师傅带徒弟"式的方法，这种方法需要花费大量的人力、物力。网络教学具有高速的信息传递功能，可以大大节约全社会的信息传递成本。

（二）信息质量优势

在实施远程教育工程之后，学生能够共享优质的教育资源和教学信息。然而，作为知识传递者的教师，其水平参差不齐，导致学生获得的信息质量存在差异。通过由优秀的教师制作课件，远程教育能够有效保证所传递的信息质量。

（三）信息成本优势

平等地接受教育是人们共同追求的目标之一。远程教育使学生能够利用网络教学平台，根据相关专业的教学安排，按照自己的实际情况，进行"到课不到堂"的自主学习。远程教育的低成本运行费用给教育市场带来了新的变化，特别是为成人进行继续教育提供了机会。

（四）信息交流优势

现代化的教学方式改变了传统的以教师为中心的单向教学方式，形成了以学生为主体、教师为主导的双主教学方式。教育信息化利用信息技术革新了传统的教学模式，实现了交互式教学。学生可以随时通过网络教学平台点播和下载教学资源，并利用交互功能与教师或其他同学进行交流。通过双向视频等系统，学生可以共享优秀教师的远程讲解及辅导，充分利用网络的互动优势开展学习活动。这样，每个学生都能自由地发挥创造力和想象力，从而成长为具有探索创新能力的新型人才。

四、人工智能在智慧教育中的实践应用

智慧教育的应用体现了人工智能在教育行业的价值，开创了教育的新型模式。智慧教育结合教育行业的特性，运用关键技术和智慧教育平台，实现了人工智能与教育的深度融合，促进了教育信息化的变革。下面列举几个应用场景。

（一）精准教学

精准教学从辅助教师教学的角度出发，涵盖了备课、授课、作业、辅导、教研等多个教学流程，实现了对学生学情的精准分析、教学资源的精准推送、课堂互动的即时反馈数据留存、智能辅导与答疑、课堂的录制与分析、网络协同教研等，较大程度地减轻了教师的教学负担，提高了教学的效率和针对性。

（二）智能学习

智能学习是学生在智能技术支撑下的新型学习模式，它通过规划学习路径来制定学习目标及学习步骤，通过个性化学习、协作式学习、沉浸式学习和游戏化学习等方式构建新型学习形态，通过对学习过程中学习负担的监测与预警来保障学生学习中的心理感受。

（三）智能排课

智能教学系统能够利用人工智能技术分析出最优排课组合。同时，智能教学系统还能够结合学生的历史成绩、兴趣爱好等信息和教师的教学数据进行智能排课。

（四）智能考评

测试、考试、测评、评估等仅限于对学生个体的量化测试，即通过多种考试形式对学生的某项能力、知识水平进行测试。智能考评指的是利用人工智能技术实现自动化考评。

（五）智能教育管理

教育管理就是管理者通过组织协调教育队伍，充分发挥教育人力、财力、物力等信息的作用，利用教育内部的各种有利条件，高效率地实现教育管理目标的活动过程。它指国家对教育系统进行组织协调控制的一系列活动，分为教育行政管理和学校管理。智能教育管理指的是借助人工智能技术高效率地实现教育管理目标的活动过程。

（六）多维度教学报告

智能教学系统能够针对不同类型的群体，如教师、家长、学生等总结出多维度教学或学生成长报告。报告的内容不是固定的，智能教学系统能够提供灵活可定制的数据分析方向，满足不同群体的分析需求，同时对学生的历史数据进行分析，形成学生的个性化成长档案。

第七节　智慧农业

一、智慧农业存在的问题

智慧农业对农业的规模化、数字化、标准化水平提出了较高要求。智慧农业发展的基础是智能设备和技术的普及应用，而这又要求农业生产主体达到一定的经营规模，或者在较为完善的组织和管理体系下运转。粗放的、分散的、小规模的农业经营格局对人工智能的发展构成了阻碍。

当前，我国农业生产正处在快速城镇化背景下的规模化生产新阶段，一批种植大户、专业粮食种植者和大型产业化龙头企业应运而生，新的农业生产经营业态和技术迎来发展机遇。但在当前阶段，我国发展智慧农业仍然面临以下挑战。

（一）依赖系统性规划布局

智慧农业与基础设施建设类似，投入门槛高且外部性强。发展智慧农业需要基础建设和资金筹集的有效衔接，推动新技术应用与跨学科融合，形成规模化体系。在传统农业向信息化、智慧化转型的过程中，尤其是农业生产要素管理、智慧物流等领域需要整体战略规划来理顺运行机制，建设资金需求较大，并且需要协调多区域、多部门资源来构建信息渠道。这对政府的主导和协调能力，以及相关经济主体的参与意愿提出了较高要求。

（二）依赖深层次数据整合

智慧农业的发展离不开大数据的支持，无论是探究影响农作物病虫害的因素，还是掌握农作物价格的波动，都需要数据作为支撑。采集的数据越多、越完整，智能预测模型的准确率就越高。一旦农业数据采集覆盖面不足，缺乏准确性与权威性，或者数据标准化程度低，所建立的智能模型、预警模型、管理系统的实用价值都将大打折扣。

（三）缺乏高素质应用主体

虽然智慧农业已向着智能化、自动化发展，但其发展和实践仍然需要能够采用现代化的生产管理方式、操作现代化生产设备的参与主体。因此，智慧农业建设不仅需要物质投资，还需要智力投资，并且不能迅速地收回成本、获得收益，这削弱了农户参与智慧农业的积极性。部分农户对信息化了解较少，应用信息技术能力有待提升，这影响了农业信息化发展。若对参与主体开展相关技术培训，仍将进一步提高智慧农业的前期投入，更会大大降低从业者的参与意愿。

（四）缺乏创新型商业模式

目前，有相当多的智慧农业技术还处于研究和探索阶段，仅在实验室或特定农地环境下试点，尚未在农业领域广泛应用，主要依靠公共财政支持得以持续。

同时，对于智慧农业技术如何形成实际生产力，转化为可操作的商业模式，也缺乏成熟的、长效的市场化机制。因此，需要创新性地发展适合智慧农业的商业模式，这样才能够真正地促使技术落地、转化，并实现赢利和可持续的良性发展。

二、发展智慧农业的意义

（一）能够有效改善农业生态环境

通过定量施肥、合理使用农药、科学管理土壤和水资源等措施，可以减少农业生产对环境的负面影响，防止土壤板结，减少对水和大气的污染，保护生态环境，实现农业的可持续发展。同时，通过在生态农业领域的实践，可以提高农业生产的效率，增加农产品的产量和质量，提高农民的收入和生活水平。例如，将畜禽粪便处理后进行施肥，不仅可以提高土壤肥力，增加农作物产量，还可以减少化肥的使用，减轻对土壤和水源的污染。同时，通过种植多种作物和养殖多种动物，可以提高农业生产的抗风险能力，保持生态的多样性和平衡性。

（二）能够显著提高农业生产经营效率

利用融合了精准的农业传感器、云计算、数据挖掘等技术生产的智能机械农业系统进行实时监测，具有以下优点。

一是可实时监测和精准管理。通过传感器进行实时监测，可以获取土壤、气候、作物生长等各方面的数据，使得农业生产更加精准和科学。

二是可提高生产效率。智能机械代替人进行农业劳作，可以大幅提高农业生产效率，降低人力成本，实现农业生产的自动化和规模化。

三是降低自然风险。通过数据分析，可以更好地预测和应对自然环境风险，如天气变化、病虫害等，从而提高农业生产对自然环境的应对能力。

四是提高农业竞争力。智能机械农业系统可以使农业生产更加精细化和集约化，能够提高农产品的质量和产量，增强农业的竞争力和市场适应性。

五是有助于保护自然环境。通过精准管理和控制，可以减少农药和化肥的使用，有利于可持续发展。

总之，智能机械农业系统不仅可以解决农业劳动力短缺的问题，还可以提高农业生产的效率和竞争力，减轻自然风险，使传统农业成为高效率的现代产业。

（三）能够转变农业生产者、消费者观念并改变组织体系

完善的农业科技和电子商务网络服务体系可以使农业相关人员方便快捷地获取各种科技和农产品供求信息，通过专家系统和信息化终端指导农业生产，改变

了传统农业单纯依靠经验的模式，提高了农业生产的科技含量和效率。同时，随着智慧农业阶段生产规模日益增大和生产效益日益提高，大规模农业协会逐渐成为农业组织体系中的主导力量。这种农业组织体系可以提供更好的服务和资源，促进农业现代化和可持续发展。

三、人工智能技术在智慧农业中的实践应用

对于发展中国家而言，智慧农业是消除贫困、实现后发优势、经济发展后来居上、实现赶超战略的主要途径。在智慧农业方面，人工智能技术的应用场景包括智能劳作、智能监测和实时监控等。

（一）智能劳作

通过将人工智能识别技术与智能机器人技术相结合，能够实现智能播种、智能耕作和智能采摘等农业劳作，使农业生产效率得到极大提高，同时也使人们的劳动负担大大减轻，并且使种子、农药和化肥等的消耗量大大减少。这种技术的应用可以更精准地控制农业生产的各个环节，实现精细化管理，提高农作物的产量和质量。同时，智能机器人还可以进行自动化巡田和监测，及时发现病虫害等问题，以便采取相应的防治措施，减少损失。智能劳作的应用还可以促进农业的可持续发展，提高农业生产的效益和竞争力。

1. 播种环节

智能播种机器人可以利用探测装置获取土壤信息，并运用算法计算出最佳的播种密度，然后自动进行播种。这种智能化的农业技术可以大大提高播种的精度和效率，有利于农作物的生长和农业生产效益的提升。同时，智能播种机器人的应用还可以降低农民的劳动强度，提高农业生产的自动化水平。

2. 耕作环节

智能耕作机器人能够在耕作过程中拍摄沿途经过的植株，运用人工智能的图像识别和机器学习技术判断植株是否为杂草或长势不好、间距不合适的农作物。通过精准喷洒农药或拔除不良植株可以有效提高农作物的生长质量和产量。这种智能化的农业技术可以大大减少农药的使用量，减少环境污染，提高农业生产的效益和可持续性。同时，智能耕作机器人的应用还可以降低农民的劳动强度，提高农业生产的自动化水平。

3. 采摘环节

智能采摘机器人可以在不破坏果树和果实的前提下实现快速采摘，大大提升

了工作效率，同时还降低了人力成本。其工作原理主要是通过摄像装置自动获取果树的图像，然后利用人工智能的图像识别技术识别适合采摘的果实，最后结合机器人的精准操控技术进行采摘。目前，已经研发成功的采摘机器人有番茄采摘机器人、甜椒采摘机器人和苹果采摘机器人等。

（二）智能监测

人工智能还可对农业领域的不同方面进行智能监测，如土壤探测、病虫害防护等。

1. 土壤探测方面

智能无人机设备拍下所需探测的土壤图像，利用人工智能技术对土壤状况进行分析，确定土壤的肥力，并精准判断适宜种植的农作物。

2. 病虫害防治方面

智能监测系统通过摄像头获取农作物的图像，并将其导入计算机中，采用机器学习的方法对获得的数据进行自主学习，从而智能诊断农作物是否患有疾病，并识别所患疾病种类。目前，智能监测系统可以通过图像自主诊断多种农作物疾病，如小麦病虫害识别、玉米病虫害识别和苹果病虫害识别等。

（三）实时监控

在畜牧业，可利用人工智能技术对禽畜的各方面进行实时监控，全面了解禽畜的身体状况，有针对性地管理禽畜，实现智能化养殖。实现实时监控的方法有视频智能监控和禽畜智能穿戴监控等。

1. 视频智能监控

视频智能监控是通过在农场安装摄像装置，获取禽畜的面部和身体外部特征的图像，利用图像识别、机器学习等人工智能技术对禽畜的健康状态等进行智能分析，并将判断的结果及时告知饲养员。

2. 禽畜智能穿戴监控

禽畜智能穿戴监控是在禽畜身上穿戴特定的监控设备，实时搜集畜禽的个体信息，然后通过人工智能、数据分析等技术智能分析畜禽的健康状况、喂养状况、发情期预测等多方面的情况，并及时推荐相应的处理措施。目前，已有的禽畜智能穿戴监控产品有基于鸡行为模式和体温检测的智能穿戴监控产品、用于收集和分析奶牛个体信息的智能穿戴监控产品等。

四、智慧农业的未来发展趋势

（一）农业自动化

利用无人机、智能采摘机器人等实现作物种植和禽畜牧养等农业生产环节的高度自动化，使用机器替代人力从事农业工作，减少人工干预，并且以更加高效、更高数量和更高品质的方式供应农产品，以满足日益增长的食品需求。

（二）农业物联网

通过各类遥感设备和植入田地或农场的传感器，如自动驾驶的农业机械、可穿戴设备、微型摄像机、农业机器人、生产管理系统等实现全部农业数据的收集和设备的交互，如利用空中或地面无人机完成生长状态评估、灌溉、喷洒农药和田间分析，利用智能围栏和无线设备监控禽畜健康状况，利用综合的物联网设备搭建允许农户完全控制作物生长环境的农用温室等。

（三）农业地理信息系统

通过卫星、无人机等获取全球农业地理信息，分析降水量、海拔、地形、坡向、风向等复杂空间数据，实现环境变化的预测（如生长季节的改变、地形地貌的改变）和应对环境变化的农业生产智能规划。

第八节　智能物流

一、智能物流的特征

现代物流业较传统物流业已经发生了巨大的变化。传统物流主要是指包装、运输、装卸、仓储和配送等生产流通过程。现代物流也叫作总体物流，是在传统物流的基础上向两端延伸，使得企业物流和社会物流结合在一起，从采购流程开始，中间经过生产物流然后进入销售物流，再到达消费者的手中，最后还包括了回收物流。

伴随着电子信息技术的快速发展，智能物流行业也迎来了良好的发展机遇。作为世界的主要物流大国，我国的智能物流行业正在经历着前所未有的发展机遇。智能物流行业在中国市场具有巨大潜力，智能物流行业的发展可以更好地满足人们对美好生活的需求。

智能物流的特征如下。

①智能化。现代物流系统可以模仿人类的思考方式解决一些物流中遇到的问

题，在处理问题的过程中主要应用到人工智能、信息技术、商务智能、自动识别和控制系统、专家系统和运筹学等先进技术，对物流过程进行智能调控。

②集成化。现代智能物流系统中应用了许多种现代化的技术，以此来满足智能化物流系统运作的需求。

③物流过程自动化。现代信息技术需要与自动化的物流设备配套使用，物流的实时信息通过图像识别、自动检测系统、自动分拣系统、自动存取系统和信息诱导系统等技术来获取。

④信息化。智能物流的信息化主要包括物流信息的数据化，物流信息处理的电子化，信息传递的数据化、网络化、实时化。通过实时物流信息的传播、储存、处理，使物流信息更加清晰明了。

⑤网络化。物流设施、业务、信息等通过互联网、交易平台、电子数据交换系统等工具把物流中心、供应商和客户有机地联系在一起，随时保证信息的畅通。

⑥柔性化。智能物流具备的动态系统可以更好地帮助其适应环境，以客户为中心，更好地满足客户小批量、多品牌、短周期的要求。

⑦无纸化。智能物流依托于电子设备，对纸张的需求量小，更加绿色环保。

二、智能物流系统的设计

（一）系统结构设计

智能物流系统的设计过程可以采用模块化设计方法，即将系统分解为多个模块，逐一进行设计，最后按照最优化原则组合成一个完整的系统。根据这种设计思路，一般可以将智能物流系统的结构分为以下两种。

1.按物流功能划分

按物流功能划分，智能物流系统的结构包括：①监控物流设备的智能系统；②处理物流信息资源的智能系统；③为客户提供服务的智能系统；④对物流系统进行监控与管理的智能系统。

2.按物流服务管理划分

按物流服务管理划分，智能物流系统的结构包括：①前台顾客服务智能系统；②作业执行智能系统；③企业规划管理智能系统。

（二）系统技术选择

智能物流系统只有在物流技术、智能技术与相关技术的支持下才能得以实现，因此进行智能物流系统设计必须对它所应用的主要技术进行了解。由于智能物流系统的支撑技术涉及面十分广泛，这里选择一些智能物流系统中最常用的技术，介绍其在智能物流系统中的应用。

智能技术是一种用于模拟、延伸和扩展人类智能的技术，通常通过机器来实现，广泛应用于通信、检测、遥感等领域。物流系统的功能要素是指其应具备的基本能力，包括运输、存储保管、包装、装卸搬运、流通加工和物流信息处理等。这些基本能力相互配合，形成一个有机整体，使物流系统可以有效地实现其目标。

智能技术与功能要素是交互式联系的，其关系可以表述为：①某一技术可以应用于多个物流功能要素；②某一物流要素可以采取多种技术实现同一目的。

（三）系统实施

在智能物流系统实施的过程中，不能仅仅依赖智能技术，这一概念是在物流的基础上得以存在的。在智能物流系统实施的过程中，应该把物流技术、智能技术及其相关技术有机结合，才能使系统得以实现，才能达成系统的目的，智能物流系统才能真正存在，才具有存在的意义。

（四）系统管理模式

出于对制造资源的占有要求和对生产过程直接控制的需要，传统企业常采用的策略是扩大自身规模或参股供应商企业，与为其提供原材料、半成品或零部件的企业是一种所有关系，这就是"纵向一体化"管理模式。这种"大而全"的管理模式使企业的投资大量增加，经营上面面俱到，不能集中主业，使企业不但失去了竞争能力，而且增加了产品成本，使每个业务领域都直接面临众多竞争对手，增加了企业风险。

"横向一体化"管理模式构建了一条从供应商到制造商再到分销商的"链"，这条"链"贯穿了所有企业。由于相邻节点企业表现出互补的供需关系，当所有相邻节点企业根据一定的协议组成联盟时，就形成了供应链。"链"上的节点企业同步、协调地运行，使"链"上的所有企业都可以受益。

现代物流体系模式是对该体系的物流及其相关活动进行规范化、系统化地指导与控制的形式。按照上述对物流体系结构的分析，智能物流系统的管理模式为"横向一体化"。

三、人工智能在智能物流中的实践应用

（一）智能订单管理

在物流管理链条中，智能订单管理系统是必不可少的一个组成部分，可以实

现单次或批量订单管理，实现与库存管理无缝链接，通过对订单的管理和分配，给用户提供整合一站式服务，充分发挥物流管理中的各个环节作用，满足物流系统信息化、智能化需求。同时，智能订单管理系统可以与客户管理系统连接起来，查询订单执行和历史订单情况。智能订单管理系统包括订单管理、库存管理、商户管理、智能派单等。

1. 订单管理

订单管理包括订单中心、订单分配、订单协同、订单状态管理等。订单中心能无缝集成多渠道订单，支持来自网站、移动端、企业对企业（B2B）电商平台及其他内外部订单的集中处理。订单分配系统基于预设规则，通过智能管理实现订单的合并、分拆、优先级、释放、冻结或取消等，优化供应链库存管理。订单协同是指参与订单的交付和实时数据采集等，还可帮助经销商实现库存、供应商和标签管理。订单状态管理包括取消、付款、发货等多种服务，以及订单出库和订单查询等，能实时跟踪当前订单，并及时更新状态。订单管理是客户关系管理的一种有效延伸，可以发掘潜在的客户和现有客户的商业价值，更好地把个性化、差异化服务融入物流管理，从而更好地提升商业效益和客户满意度。

2. 库存管理

库存管理可以支持商品信息的一键导入、自定义商品编码、国际码和商品属性，还能够优化拣货路径、跟进商品库存情况。智能化的库存管理可以实时跟进各个商品的库存数据，针对不同的订单类型，使用不同的发货方案，包括一单一货、一单多货、组团、大单、整箱直发、越库直发等。智能化库存管理实现了可售库存、多平台、多店铺的实时同步和拣货、上架、进货、退货等仓库工作批次，自动避免了超卖或缺货等导致的商业纠纷问题。

3. 商户管理

商户管理具有客户购买行为分析，以及新进客户、优质客户、企业客户、流失客户、黑名单客户等数据分析管理功能，并且支持催付款短信、发货短信、营销短信、一键评价及评论管理等功能。商户管理可以实时提供销售、往来账、库存、商品、利润、商品满意等各种数据报表，并对商家与供货商、商家与用户进行协同管理。商户可以通过商户管理记录其商品信息、使用范围、订货价格和产品安全性等。通过在线购买用户的信息评价，商户管理对商户信用、商户服务质量、产品质量等综合指标进行智能评分，优先排序和推送那些评分较高的商户。

4.智能派单

智能派单可以智能匹配快递功能，可多维度自定义各快递公司的优先级别，并按包裹重量和不同快递公司首重、续重的价格政策优化最佳选择。智能派单系统可以提前规划配送路径，在订单密度足够的情况下能够实现高并单率、多并单数。另外，系统内置各大快递公司发货网点数据库，自动按照地址精确匹配快递，一旦出现投递盲区自动切换其他快递公司。

通过对客户下达的订单进行管理和跟踪，智能订单管理系统能够动态掌握订单的进展和完成情况，加快了整个订单系统的运作速度，提升了作业效率，从而节省了运作时间和作业成本，提高了物流企业的市场竞争力。

（二）智能仓储

智能仓储是物流过程中一个重要环节，是以立体仓库和配送分拣中心为核心，通过录入、管理和查验货物信息的智能仓储平台，实现了仓库内货物和信息的智能化管理。智能仓储平台是确保企业及时、准确掌握库存数据，合理保持和控制企业库存的重要保障。智能仓储主要包括智能存储系统、智能输送搬运系统、智能分拣系统及智能控制系统，各个系统又由具体的设备及软件构成，彼此之间相互联系、紧密配合，最终保障物料搬运的准确投递。

1.智能存储系统

智能存储系统能够提供从货架到自动化立体仓库的全套存储与缓存解决方案，可按单个或多个托盘深度存储方式，提供搬运托盘、吸塑盘、货柜、纸箱、集装箱甚至金属网箱等。智能存储系统充分利用了仓库空间资源，能够在有限的仓储空间内有效、有序地存储货物。仓储空间的合理化利用使得仓储作业速率大大加快，增加了货物存储量、提高了空间利用率、缩短了货物存储时间。例如，唯品会的智能存储系统是基于有轨穿梭车的系统设计，能够更高效率地实施存储作业，并且利用了有轨穿梭车的伸缩货架，能够使货物实现多层密集存储。系统以穿梭车为核心，兼具存储和订单分拣的集成系统，解决了唯品会在物流存储和订单履约中存在的不足，提高了存储效率。

2.智能输送搬运系统

智能输送搬运系统是仓库的基本单元，能够结合各种过程，发送输送信号，实现货物搬运。输送搬运的对象主要是托盘、箱包和其他有固定尺寸的单元货物。智能输送搬运系统负责对整个待出库的物流包裹按照运输的方式、区域、时间、大小和重量进行分类、输送和搬运的管理，再由线上系统进行跟踪，直到出库。在整个物流系统中，智能输送搬运系统扮演着重要角色，同时具备仓储保管、订单处理、分拣搬运发货等多种功能。

3.智能分拣系统

智能分拣系统具有特色的可视化界面，有合流、导入和分拣功能等子系统。智能分拣系统分拣的快递物件重量可以达到40千克，可以对特殊包裹和条码问题进行特殊处理，90%的包件都可以全自动分拣。一个中等省会城市的分拨中心一天需要分拣的包裹量是20～30万件，如果使用输送线加人工分拣的话，需要200～300个一线拣货人员。如果采用智能分拣系统，每小时可以分拣0.8～4万件货物，这相当于一个普通物流港的吞吐量，大大节约了人力、财力，并且大幅度提高了分拣效率。

4.智能控制系统

智能控制系统是物流仓储的控制核心，主要由软件系统和智能计算机控制中心系统组成。软件系统有智能物流系统中的应用软件，以及相关的应用功能。智能计算机控制中心负责整个物流系统的控制管理，当控制中心接收到入库信息后，发出入库指令，巷道机、自动分拣机及输送设备按指令启动，共同完成出入库任务。

智能物流仓储系统提高了空间利用率、仓储效率和分拣准确度，实现了物流仓储的智能化。智能仓储的单位面积仓储量是普通仓库的5～10倍，这不仅加快了运转和处理的速度、提高了劳动生产率，还降低了操作人员的劳动强度。

（三）智能快递柜

1.智能快递柜的概念与特征

（1）智能快递柜的概念

智能快递柜是指在公共场合（如小区），可以通过二维码或数字密码完成投递和提取快件的自助服务设备。当前丰巢、菜鸟等不断加大终端快递柜的建设投入力度，智能快递柜逐渐应用于小区、学校、办公楼，成为一种重要的末端配送装备。

（2）智能快递柜的特征

智能快递柜主要具有以下特征。

①智能化集中存取。智能快递柜是一个基于物联网可以对快件进行识别、暂存、监控和管理的设备，其与服务器一起构成智能快递终端系统，由服务器统一

管理系统的各个快递柜，并综合分析和处理快件的入箱、存储及领取等信息。

②24小时自助式服务。当收件人不在时，快递员可以将快递放在附近的智能快递柜中，等收件人方便时再去取回。

③远程监控和信息发布。用户可通过自主终端，结合动态短信，凭取件码取件。此外，智能快递柜还具备自动通知快递公司批量处理快件的智能化新模式，大大改善了快递的投送效率及用户的存取体验。

2. 智能快递柜的结构和功能

（1）智能快递柜的结构

各个快递柜的规格是不同的，以丰巢快递柜为例，从柜体来看，一般可以分为标准柜和拓展柜。标准柜的组成包括1个主柜和4个副柜（共84格），拓展柜则是两侧副柜可以进行拓展、增加，或者按照实际需求进行缩减。一个快递柜组一般由不同规格的格口组成，不同快递柜公司制造的快递柜格口尺寸会有不同，大部分有大、中、小三种尺寸的规格。

智能快递柜真正的核心技术是其内部的组件，由主控机、锁控板、电源适配器、散热风扇及监控系统等组成，每一个副柜要应用到一张锁控板。

（2）智能快递柜的功能

①寄件功能。对于智能快递柜而言，寄件是基本功能之一，主要是为个人用户提供便利。对于传统的寄件模式而言，用户要通过快递员才可以寄出快递，可供用户选择的快递公司较少，无法对价格进行比较，而且相对麻烦。有了智能快递柜之后，用户只需要选择好理想的快递公司，按照格口大小，再将要寄出的物品放进快递柜，扫二维码支付快递费用即可，当投递快件时，快递员看到有物品要寄出，就会揽收快件，这在一定程度上简化了收件流程。

主要流程：用户线上下单填写寄件信息，到智能快递柜扫描二维码或输入寄件码，支付运费，开箱投递，快递员取件，打印运单，发件。

②取件功能。取件是智能快递柜设计的初衷。将快件放进智能快递柜，一是节省时间，即一天之内快递员可以投递更多的快递，使得配送效率大大提升；二是为消费者提供了方便，如人们在外出时无法及时接收快递，而智能快递柜出现之后，在一定程度上为人们的生活提供了方便。

主要流程：快递员选择快件对应大小的格口；扫描运单；输入手机号；开箱放入快件；触发取件微信或短信消息；用户到智能快递柜扫描二维码或输入取件码，取件。

（四）智能物流设备

智能物流设备的发展是现代智能物流的助推剂，是物流系统中的智能载体，也是物流行业智能技术水平高低的主要标志体现。按照功能，智能物流设备可分为立体仓储设备、高速分拣设备、自动化输送设备等。按照智能物流的流程，智能物流设备可以分为仓储设备、流通设备等。

仓储设备是负责货物仓库存储的一类设备，主要有自动化立体仓库、多层穿梭车、自动分拣机等。其中，自动化立体仓库是利用人工智能技术实现立体仓库高层存储、自动存取的一种主要仓储设备，主要由立体货架、堆垛机、输送机、托盘等智能设备构成。自动化立体库有效地改善了仓储行业大量占用土地及人力的状况，降低了仓储运营和管理成本，实现了仓储的智能化。

流通设备主要用于物流包裹的自动流通，包括自动分拣机、有轨穿梭车等。自动分拣机可以按照智能控制系统指令对物品进行分拣，并将分拣出的物品送达指定位置。自动分拣机的广泛使用解放了劳动力，节约了成本，并且有效提高了分拣效率和准确率，同时大幅降低了错误和破损的发生概率。有轨穿梭车常用于各类高密度储存方式立体仓库的流通作业，在搬运、移动货物时无须直接进入货架巷道，其速度快、安全性高，可以有效提高仓储的运行效率。

伴随着人工智能技术的快速发展，众多智能、方便、快捷的物流机器设备投入应用，极大地减轻了劳动强度，提高了物流运作效率和服务质量，降低了物流成本。

（五）智能配送

智能配送是智能物流运输的最终环节，是通过智能手持终端、条码、RFID等，实现收派件数据实时采集和上传、快递状态及时确认更新。当货物运输到指定位置时，智能配送系统会及时更新相关的物流信息，并提醒配送等。智能配送系统主要由移动智能终端、平台网络等组成。

1.移动智能终端

移动智能终端以数据存储为载体，通过条码扫描形成一套数据采集传输系统。移动智能终端可以满足快递行业的信息采集、信息处理、信息查询等需求，实现信息化管理，保障数据的准确性。移动智能终端采用无线通信技术，管理中心把收到的收件和派件单及时传输到终端，以便业务员跟进。业务员根据管理中心发来的信息去揽收客户的快件，并在现场将扫描采集到的收件时间、货物总重量和个人信息等数据通过无线通信上传到管理中心。货物运输途中，中转站的工作人员通过移动智能终端采集货物信息数据，使管理中心实时掌握货物信息，同时将这些信息实时反馈给客户，使客户清楚地知道快件的物流状态。业务员将快件送到客户住处后，把扫描采集到的运单号码、派件时间等信息，通过通用分组无限业务（GPRS）传送到管理中心，管理中心可及时将到货信息反馈给发件人。移动智能终端贯穿于整个物流环节，实现了各个环节之间的信息交互共享。

2. 平台网络

平台网络由企业资源计划（EPR）系统和实时交互接口服务器构成，负责数据管理、业务接口管理、业务应用管理、信息查询处理管理等，包括整车运输、仓配一体、零担快运、多式联运等系统，结合了管理云、数据云、电商云等套件，实现了订单、找车、找货、仓储、交易、风控、保险等业务流程智能化和集成化，动态跟踪物流节点并与监测平台对接，确保流程合格。同时，将运输市场、经营主体、运力资源、信息资源等进行全面整合，运用互联网技术，构建数字化供应链，实现线上资源合理配置和线下物流高效运行，全面助力网络货运平台工作的开展，帮助用户提高运营效率、降低成本。

作为物流行业的"最后一公里"，智能配送负责整个物流体系货物的配送，消耗了大量物流行业的资源，占用了大量行业劳动力。随着智能化应用技术的发展，物流配送逐渐向着智能化和无人化配送方向发展，有效节省了物流成本，提高了各个环节的运作效率。

（六）智能客服

智能客服是一种运用自然语言理解、知识管理、自动问答等人工智能技术，在大规模知识处理基础上发展起来的智能化客户服务方式。智能客服系统不仅为企业提供了细粒度知识管理技术，还为企业与海量用户之间建立了一种基于自然语言的快捷有效的沟通途径。另外，随着智能信息技术的发展，智能无人客服系统很大程度上降低了企业在客服系统中的人力成本，提升了服务效率。

智能客服系统根据用户提出的问题，在线帮助用户解决各种问题，并可以通过智能深度学习算法，持续自主学习，使服务更加智能拟人化。目前，智能客服系统主要有在线智能客服机器人、智能语音机器人、智能平台等，实现了智能业务咨询、纠纷解决、智能调度、智能质检、智能分析等客服功能。

在线客服机器人能对用户的各种问题进行实时解答，及时帮助用户解决遇到的各种物流问题。智能语音机器人可以完成语音应答和语音外呼两种服务，能够以拟人化的语音为用户提供服务。在人工智能实现的各种客服功能中，智能调度实现了用户咨询和服务资源之间的最优调度，智能质检能够从对话文本和录音中挖掘风险、商机，同时还可以帮助企业提升客服服务质量、监控舆情风险。目前，智能客服系统已经可以实现 90％以上用户咨询的独立应对，为用户提供全天候智能应答服务，降低了客服人力成本，提高了服务效率。

参考文献

[1] 叶德泳. 计算机辅助药物设计导论 [M]. 北京：化学工业出版社，2004.

[2] 博登. AI：人工智能的本质与未来 [M]. 孙诗慧，译. 北京：中国人民大学出版社，2017.

[3] 郑树泉，王倩，武智霞，等. 工业智能技术与应用 [M]. 上海：上海科学技术出版社，2019.

[4] 917 众筹平台. 人工智能：智能颠覆的时代，你准备好了吗 [M]. 北京：中国纺织出版社，2019.

[5] 宝力高. 机器学习、人工智能及应用研究 [M]. 长春：吉林科学技术出版社，2020.

[6] 罗施福，孟媛媛. 人工智能与著作权制度创新研究 [M]. 武汉：武汉大学出版社，2021.

[7] 刘婷，姜囡，齐苑辰，等. 基于人工智能方法的数据处理与实践研究 [M]. 沈阳：东北大学出版社，2022.

[8] 申时凯，佘玉梅. 人工智能时代智能感知技术应用研究 [M]. 长春：吉林大学出版社，2023.

[9] 韦乐平. 三网融合的内涵与趋势 [J]. 现代电信科技，2000（12）：1-6.

[10] 景行. 国外三网融合的情况和发展趋势 [J]. 邮电企业管理，2002（2）：64-66.

[11] 蒋茵. 从现象学到智慧教育学：范梅南教育思想探微 [J]. 台州学院学报，2005（1）：76-79.

[12] 付玉辉. 三网融合格局之变和体制之困：我国三网融合发展趋势分析 [J]. 今传媒，2010（3）：28-31.

[13] 尹恩德. 加快建设智慧教育　推动教育现代化发展：宁波市镇海区教育信息化建设与规划 [J]. 浙江教育技术，2011（5）：56-60.

[14] 祝智庭，贺斌. 智慧教育：教育信息化的新境界 [J]. 电化教育研究，

2012，33（12）：5-13.

[15] 杨现民. 信息时代智慧教育的内涵与特征 [J]. 中国电化教育，2014（1）：29-34.

[16] 黄荣怀. 智慧教育的三重境界：从环境、模式到体制 [J]. 现代远程教育研究，2014（6）：3-11.

[17] 肖士英. 走向智慧教育观的新境界：怀特海智慧教育观的审视与超越 [J]. 华东师范大学学报（教育科学版），2015，33（4）：7-14.

[18] 袁尧清，任佩瑜. 产业融合域的旅游产业结构升级机制与路径 [J]. 山东社会科学，2016（1）：119-123.

[19] 刘琳玉. 艾伦·图灵："人工智能之父"的谜样人生 [J]. 机器人产业，2016（3）：72-76.

[20] 陈琳，王丽娜. 走向智慧时代的教育信息化发展三大问题 [J]. 现代远程教育研究，2017（6）：57-63.

[21] 苏涛，彭兰. "智媒"时代的消融与重塑：2017 年新媒体研究综述 [J]. 国际新闻界，2018，40（1）：38-58.

[22] 许祖铭. 论人工智能中的机器学习应用 [J]. 电子世界，2018（16）：74-75.

[23] 吴飞，阳春华，兰旭光，等. 人工智能的回顾与展望 [J]. 中国科学基金，2018，32（3）：243-250.

[24] 阳王东，王昊天，张宇峰，等. 异构混合并行计算综述 [J]. 计算机科学，2020，47（8）：5-16.

[25] 叶雅珍，朱扬勇. 盒装数据：一种基于数据盒的数据产品形态 [J]. 大数据，2022，8（3）：15-25.

[26] 漆晨曦，高小兵. 打破数据孤岛 推进数据开放共享 [J]. 通信企业管理，2023（2）：48-49.